内陆干旱区地下水脆弱性评价方法及其应用研究

周金龙　编著

黄 河 水 利 出 版 社

·郑州·

内 容 提 要

本书从定义、研究意义、指标体系、权重标准、评价方法与制图等方面综述了国内外地下水脆弱性研究的现状及存在的问题。构建了内陆干旱区地下水脆弱性评价指标体系、权重标准及评价模型；应用GIS技术完成了脆弱性分区；用地下水污染现状评价结果或硝酸盐含量对脆弱性评价结果进行了检验；以新疆塔里木盆地平原区为例，构建了基于传统水文地质成果的流域地下水脆弱性评价的DRAV模型；以新疆焉耆县平原区为例，构建了基于遥感技术的县域地下水脆弱性评价的VLDA模型和基于数值模拟的县域地下水脆弱性评价的耦合DRAV模型，含水层特性用渗透系数 K 来表征，根据一维HYDRUS和三维MODFLOW模型模拟分别获得系统的含水层净补给量和渗透系数。

本书可供从事水文学及水资源、地下水科学与工程、环境科学、环境工程、土地管理等专业的教学人员、科研人员及研究生研究地下水脆弱性时参考。

图书在版编目(CIP)数据

内陆干旱区地下水脆弱性评价方法及其应用研究/周金龙编著.—郑州：黄河水利出版社，2010.5

ISBN 978-7-80734-822-1

Ⅰ.①内…　Ⅱ.①周…　Ⅲ.①干旱区-地下水-研究
Ⅳ.①P641

中国版本图书馆CIP数据核字(2010)第080451号

出 版 社：黄河水利出版社

地址：河南省郑州市顺河路黄委会综合楼14层　　邮政编码：450003

发行单位：黄河水利出版社

发行部电话：0371-66026940、66020550、66028024、66022620(传真)

E-mail：hhslcbs@126.com

承印单位：河南省瑞光印务股份有限公司

开本：787 mm×1 092 mm　1/16

印张：8.5　　插图：16页

字数：196千字　　印数：1—1 500

版次：2010年5月第1版　　印次：2010年5月第1次印刷

定价：28.00元

前　言

地下水资源在我国北方地区的社会经济发展中起着重要作用,地下水供水量大于总供水量的50%,在一些地区超过80%。然而,随着经济的迅速发展、人口的不断增长和城市化进程的加快,地下水资源污染日益严重,地下水环境质量不断恶化,给社会发展和人类健康带来危害,地下水质污染已成为我国一个突出的环境问题,遏制地下水质恶化,解决地下水污染问题已成为当务之急。国际经验表明,地下水资源一旦遭到污染,因昂贵的经济代价以及含水层的复杂性使得治理和修复几乎是不可行的。因此,地下水保护不能走"先污染、后治理"或"边污染、边治理"的老路,防治地下水污染,应坚持"以防为主,防治结合,防重于治"的方针。采取区域地下水保护战略是防治地下水污染最经济有效的办法。地下水水质脆弱性评价与区划正是区域地下水资源保护的重要手段。通过对地下水水质脆弱性的研究,区别不同地区地下水的脆弱程度,评价地下水潜在的易污染性,圈定地下水污染的高风险区,提出合理的土地利用和地下水资源保护的对策和建议,实现地下水资源可持续利用。

尽管国内外已开展了一系列的地下水脆弱性评价的方法和案例研究,但尚未建立干旱区不同尺度(流域尺度、县域或城市尺度)与不同水文地质研究程度相适应的评价指标体系及适宜的评价方法。为加强流域尺度和县域尺度的地下水资源管理、有效地控制地下水污染,有必要针对内陆干旱区地下水的特点(水文地质条件、水化学条件、污染物特性及水文地质研究程度等),采用适宜的评价模型,开展流域尺度和县域尺度地下水的脆弱性评价,圈划出污染敏感带,为流域和县域地下水资源管理人员提供决策依据。

本书从定义、研究意义、指标体系、权重标准、评价方法与制图等方面综述了国内外地下水脆弱性研究的现状及存在的问题。构建了内陆干旱区地下水脆弱性评价指标体系、权重标准及评价模型;应用GIS技术完成了脆弱性分区;用地下水污染现状评价结果或硝酸盐含量对脆弱性评价结果进行了检验。以新疆塔里木盆地平原区为例,构建了基于传统水文地质成果的流域地下水脆弱性评价的DRAV模型,其中D为地下水埋深、R为含水层净补给量、A为含水层特性、V为包气带岩性;以新疆焉耆县平原区为例,构建了基于遥感技术的县域地下水脆弱性评价的VLDA模型,其中L为土地利用方式;以焉耆县平原区为例,构建了基于数值模拟的县域地下水脆弱性评价的耦合DRAV模型,含水层特性用渗透系数K来表征,根据一维HYDRUS和三维MODFLOW

模型模拟分别获得系统的含水层净补给量 R 和渗透系数 K。

本书的出版得到了"不同水质膜下滴灌棉田水盐调控技术集成与示范"(国家科技支撑计划课题之子课题 2007BAD38B01－4)、"干旱区可调控暗管排水条件下的农田水盐运移规律研究"(国家自然科学基金项目 40662002)、"灌区盐渍化土壤改良技术集成与盐土农业建设示范"(新疆自治区重大科技专项课题 20073314－4)以及"中盐度地下水源膜下滴灌技术开发与示范"(新疆自治区重大科技专项课题 20073117－3)的资金资助。

本书许多内容不够系统完善,一些结论尚显稚嫩,很多问题有待于进一步探讨。由于本人知识水平所限,加之时间仓促,书中难免存在不妥之处,敬请读者批评指正。

作　者

2010 年 3 月 16 日

目　录

第一章　绪　论

第一节　研究的背景与意义

一、研究背景

水资源是人类赖以生存的不可替代的物质基础，在全球经济和社会可持续发展过程中占有相当重要的地位。缺水和由于不合理使用水资源而产生的环境问题是当前人类面临的重大课题。中国目前人均水资源量仅为世界人均水资源量的1/4，同时我国大部分地区的淡水资源供给已受到水质恶化和水生态系统破坏的威胁。水资源短缺已经严重制约着社会经济的发展。缓解水资源短缺问题，已成为我国迫切需要解决的战略问题。

地下水的重要性越来越引起国际社会的关注。例如，1998年联合国就将当年世界水日的主题定为“地下水——看不见的资源”，反映了其对地下水问题的关注。

地下水资源在我国北方地区的社会经济发展中起着重要作用，地下水供水量大于总供水量的50%，在一些地区超过80%（Tang Ligua等，2007）。然而，随着经济的迅速发展、人口的不断增长和城市化进程的加快，地下水资源污染日益严重，地下水环境质量不断恶化，给社会发展和人类健康带来危害。地下水质污染已成为我国一个突出的环境问题，遏制地下水质恶化、解决水污染问题已成为当务之急。国际经验表明，地下水资源一旦遭到污染，因昂贵的经济代价及含水层的复杂性使得治理和修复几乎是不可行的。因此，地下水保护不能走“先污染、后治理”或“边污染、边治理”的老路，防治地下水污染，应坚持“以防为主，防治结合，防重于治”的方针。采取区域地下水保护战略是防治地下水污染最经济有效的办法。地下水水质脆弱性评价与区划正是区域地下水资源保护的重要手段。通过对地下水水质脆弱性的研究，区别不同地区地下水的脆弱程度，评价地下水潜在的易污染性，圈定地下水污染的高风险区，提出合理的土地利用和地下水资源保护的对策和建议，实现地下水资源的可持续利用。

为了进一步掌握地下水水量和水质的特征，保护地下水资源，在2002年实施的第二轮全国综合水资源规划（the second Comprehensive National Water Resources Planning，CNWRP）中，基于丰富的资料和GIS技术，开展了地下水脆弱性评价研究（Tang Ligua等，2007）。

中国地质调查局2004年以来主持开展的《中国主要城市环境地质调查与评价》项目中，地下水脆弱性的DRASTIC评价是其重点研究内容之一。

尽管国内外已开展了一系列的地下水脆弱性评价的方法和案例研究，但尚未建立干旱区不同尺度（流域尺度、县域或城市尺度）与不同水文地质研究程度相适应的评价指标体系及适宜的评价方法。

二、研究意义

开展干旱区地下水脆弱性评价研究的意义如下：

(1)对地下水开发程度较低的地区而言，地下水脆弱性评价有助于避免因不合理的人类活动对地下水水质造成明显的污染。在地下水还没有或几乎没有受到明显污染的情况下，开展地下水脆弱性评价研究，可以为管理部门实施地下水保护计划提供决策依据。在干旱区，仍存在地下水还没有或仅受到轻度污染的地区，针对这类地区，根据其水文地质条件及可能的污染物特性等情况圈划出污染敏感带，为土地利用规划、地下水利用规划部门的管理人员提供决策依据，实现水土资源开发与地下水保护相协调，从而避免因不合理的人类活动对地下水水质造成明显的污染。

(2)地下水脆弱性调查评价可以对地下水监测起指导作用。对于脆弱性高的地区，建立和完善包括地下水水位、水质动态观测在内的水环境观测网站，这样使得监测网的布设更为科学和合理，避免人力、物力的分散和浪费，使地下水环境监测和保护工作更好地发挥其服务经济建设和保护环境、生态的作用。

(3)对地下水开发程度较高的地区而言，地下水脆弱性评价(填图)是土地利用规划与地下水保护带划分的重要依据。地下水脆弱性评价与研究成果对于开发程度较高地区的城市发展远景规划、工农业发展与布局、水资源开发利用模式、地下水资源的合理开采与保护等方面也具有重要的参考价值，可以帮助决策者和管理者制订地下水管理战略和方针，将有限的资金和人力直接投入到地下水污染的高风险区或脆弱性大的地区，最大限度地保护地下水资源。例如，当工程选择在地下水脆弱性较高的地区时，就应当对场地条件作进一步详细的勘测，采取严格、可靠的污染防范措施，或者重新选择建设地点。位于脆弱性高的地区的已建地下水水源地应列为优先保护对象。

(4)地下水脆弱性图可以为规划者、决策者、管理者和公众了解地下水污染风险等方面的知识提供直观的工具。欧洲、北美和澳大利亚等地，在地下水污染防治工作中，已经从以污染治理为重点转变为以防止污染为重点，其中采取的一个重要措施即是进行地下水脆弱性评价，并编制评价图册，这种方法值得我国借鉴。

新疆塔里木盆地位于我国西北的内陆干旱地区，是我国重要的石油、天然气供应基地和棉花生产基地，孔隙地下水资源在该区是最重要的居民生活和工农业供水水源。据2002年地下水水质监测资料，塔里木盆地地下水水质总体处于轻度污染状态(参见本书第三章第三节)。但近年来，随着石油、天然气资源的开采、运输及城镇建设、农业生产的发展，该盆地孔隙地下水在局部地段已经受到了不同程度的污染。为加强流域尺度(全盆地)和县域尺度的地下水资源管理、有效地控制地下水污染，有必要针对内陆干旱区地下水的特点，根据研究区的水文地质条件、水化学条件、污染物特性及水文地质研究程度等情况，采用适宜的评价模型，对该地区流域尺度和县域尺度地下水的脆弱性进行评价，圈划出污染敏感带，为管理人员提供决策依据。

第二节 地下水脆弱性研究现状及存在的问题

“脆弱性(Vulnerability)”这一科学术语是由法国水文地质学家 Margat 于 1968 年首次提出来的(徐慧珍,2007)。此后,国内外许多学者和有关研究部门分别从地下水脆弱性的概念、评价指标体系及其权重的确定、评价方法和检验、脆弱性制图等方面进行了较为深入的研究,涉及部门及应用地区不断扩大(详见第二章)。

一、国外地下水脆弱性研究现状

据 2009 年 6 月 29 日进行的 Elsevier、Springer 和 2009 年 11 月 15 ~ 17 日进行的 Wiley - Blackwell 和 GSW(Geo-science World)网站“groundwater vulnerability”文献量统计(见表 1-1),国外专业期刊上有关地下水脆弱性的论述始见于 1981 年(作者是 Vierhuff),1994 年以后英文文献量明显增加。

表 1-1 国内外地下水脆弱性文献量统计 (单位:篇)

英文期刊		中文期刊			
年份	论文数	年份	期刊论文	硕士学位论文	博士学位论文
1981	1				
1982	0				
1983	0				
1984	0				
1985	0				
1986	0				
1987	2				
1988	2				
1989	1	1989	1	0	0
1990	2	1990	1	0	0
1991	1	1991	0	0	0
1992	2	1992	0	0	0
1993	4	1993	0	0	0
1994	15	1994	0	0	0
1995	8	1995	0	0	0
1996	7	1996	1	0	0
1997	8	1997	0	0	0
1998	29	1998	1	0	0
1999	15	1999	4	0	0
2000	20	2000	6	0	0
2001	5	2001	8	1	0
2002	17	2002	4	1	1
2003	31	2003	5	2	1
2004	24	2004	4	3	2
2005	25	2005	11	0	2
2006	45	2006	16	8	5
2007	45	2007	36	12	5
2008	44	2008	21	2	1
2009	35	2009	37	2	0

(一)地下水脆弱性的概念

Vierhuff 等(1981)认为定义地下水脆弱性离不开以下两方面:一是包气带的保护能力,二是饱水带的净化能力。他们进一步提出定义地下水脆弱性应着重考虑以下三个因素:含水层类型、含水层在水文地质循环中的位置、包气带性质。

1987 年在荷兰举行的"土壤与地下水污染脆弱性"国际会议认为地下水脆弱性指地下水对外界污染源的敏感性,是含水层的固有特性。地下水脆弱性对于不同污染物是不同的,因此评价脆弱性时可将污染源进行分类,如营养物质、有机物、重金属、病原体等。Foster(1987)也提出了类似观点。

Vrba(1994)将时间尺度引入到地下水脆弱性定义中,他认为地下水脆弱性相对人文历史时期来说是地下水系统的一个不变的本质特征,它依赖于这个系统消化自然演化和人类活动影响的能力。

美国国家研究委员会(1993)认为地下水脆弱性是污染物进入含水层上方一定位置后,到达地下水系统一个特定位置的可能性。地下水脆弱性不是一个绝对或可测量的属性,只是一个相对的指标。因此,所有的地下水都是具有脆弱性的。这个定义也是现在普遍公认的地下水脆弱性概念。同时,该委员会将地下水脆弱性分为两类:一类是本质脆弱性,即不考虑人类活动和污染源而只考虑水文地质自然因素的脆弱性;另一类是特殊脆弱性,即地下水对某一特定污染源或人类活动的脆弱性(Worrall,2002;Worrall,2005;Almasri,2008)。

美国环境保护署 1993 年提出含水层敏感性(Aquifer Sensitivity)和含水层脆弱性(Aquifer Vulnerability)的概念,并认为含水层敏感性与土地利用、污染物特征无关,而含水层脆弱性则包括了特定的土地利用和污染物的特征。

国际水文地质学家协会 1994 年出版的《地下水系统脆弱性编图指南》一书中给出的定义为:地下水脆弱性是地下水系统的固有属性,该属性依赖于地下水系统对人类或自然冲击的敏感性。

总体上,目前的研究中都倾向于美国国家研究委员会 1993 年提出的将地下水脆弱性分为两类的主张。

本书采用美国国家研究委员会(1993)给出的定义。

(二)地下水脆弱性评价方法

目前,国外地下水脆弱性评价的主要方法有迭置指数法、过程模拟法和统计法等,每种方法有各自的特点和侧重。

1. 迭置指数法

迭置指数法评价地下水脆弱性利用数字分级系统,系统包含 4 个重要部分:指标、权重、值域、分级。各评价模型都有各自的指标体系,地区不同、模型不同,所选用的参数也不相同。国外对地下水脆弱性评价普遍使用的模型有 1987 年美国环境保护署提出的 DRASTIC、GOD、AVI 等(Allert 等,1987),其他方法还有 Legrand 模型(Ibe 等,2001)、GOD 模型(Gogu 等,2000;Ibe 等,2001;Simsek 等,2008)、SIGA 模型(Ibe 等,2001)、SINTACS 模型(Edet,2004)、Vierhuff 法(钟佐燊,2005)、AVI 法(张保祥,2006)、SI 法(毛媛媛等,2006)等。

针对岩溶含水层的脆弱性评价,国外提出的方法有欧洲法(COP法)(Daly等,2002)、PI法(王松等,2008)、VULK法(Zwahlen,2004;王松等,2008)、LEA法(Daly等,2002;王松等,2008)。

Barber等(1998)开展了特定区域地下水脆弱性评价方法与标准化评价方法(DRASTIC模型)的对比研究。Ibe等(2001)分别用DRASTIC、Legrand、GOD和SIGA等4种模型,对尼日利亚地下水防污性能进行了评价比较,结果见表1-2。Ravbar等(2009)应用EPIK、PI等4种方法评价了斯洛文尼亚岩溶流域的地下水脆弱性。

表1-2 DRASTIC、Legrand、GOD和SIGA模型评价结果比较(Ibe等,2001)

模型	防污性能指数	A区	B区	C区	D区	E区
DRASTIC	*DI*值	152.5	171.5	171.5	97.0	188.5
Legrand	*DI*值	11.03	10.39	7.90	17.65	6.85
防污性能分级		中等	中等	差	好	差
GOD	*DI*值	0.39	0.42	0.52	0.15	0.56
防污性能分级		中等	中等	差	好	差
SIGA	*IV*值	8.51	8.22	7.15	2.28	7.30

2. 过程模拟法

过程模拟法(Methods Employing Process - based Simulation Models)是在水分和污染物运移模型基础上,建立一个脆弱性评价数学公式,将各评价因子定量化后,得出区域脆弱性综合指数(Antonakos等,2007;Nobre等,2007;Almasri,2008)。该方法可以描述影响地下水脆弱性的物理、化学和生物等过程,但花费较多,只适用于小范围定量评价。该方法最大的优点是可以描述影响地下水脆弱性的物理、化学和生物等过程,并可以估计污染的时空分布情况。尽管描述污染物运移的二维、三维等各种模型很多,但目前还没有用在区域地下水脆弱性的评价中,脆弱性研究多数集中在包气带的一维过程模型,多为农药淋滤模型和氮循环模型。该方法的参数很多,资料和数据的获得比较困难。从理论上讲,该方法适用于地下水脆弱性评价的高级阶段,因为它需要具备足够且可靠的地质数据及长序列污染质运移资料,只有当基本掌握了地下水脆弱性与其评价要素之间的内在关系后,才能运用该方法。

过程模拟法与其他方法不同,该方法可以预测污染物在空间、时间上的迁移情况。在评价地下水污染风险的各种方法中,复杂的数学模型被认为是最可靠的(Uricchio等,2004)。

3. 统计法

统计法(Statistical Methods)是通过对已有的地下水污染信息和资料进行数理统计分析,确定地下水脆弱性评价因子并建立统计模型,把已赋值的各评价因子代入模型中进行计算,然后根据其结果进行脆弱性分析。常用的统计法包括地统计(Geo - statistical)法、Kriging法、线性回归分析法、逻辑回归(Logistic Regression)分析法、实证权重法(Weight of Evidence)(Masetti等,2007)等。该方法在脆弱性评价中一般很少应用,因为这种方法需要大量的精度较高的数据。

4.其他方法

除以上3种脆弱性评价方法外,近年来,国外研究者也采用其他方法来评价地下水脆弱性。

Sadek等(2001)将同位素和水化学方法应用于第四系含水层的污染脆弱性评价。

Dixon(2005a)采用模糊数学综合评判方法评价地下水脆弱性。Mohammadi等(2009)用GIS技术和模糊数学方法评价含水层脆弱性。Mazari - Hiriar等(2006)应用模糊多指标方法评价地下水有机污染物的脆弱性。

Butscher等(2009)应用模拟手段和填图相结合的方法评价岩溶区地下水脆弱性。

Seabra等(2009)用地质处理方法和遥感技术评价含水层脆弱性。

Lim等(2009)通过确定抽水井附近最大污染物负荷极限评价地下水脆弱性。

Kuisi等(2009)评价了半干旱环境下地下水硒的脆弱性。

Seifert等(2008)利用替代概念模型评价埋藏古河道对地下水脆弱性的影响。

(三)地下水脆弱性编图

为确保饮水安全,美国从1996年起在“安全饮用水法案”(Safe Drinking Water Act, SDWA)修正案中明确要求各州对水源地进行安全评价,其中包括脆弱性评价。在以色列、葡萄牙、南非、韩国等国家,水源地保护方面脆弱性评价也得到广泛运用(Vrba, 1994)。

2004年6月16~19日,由国际水文地质学家协会(IAH)组织的“地下水脆弱性评价与编图”国际研讨会在波兰Ustron市举行,地下水脆弱性评价得到了广泛的关注。

考虑地下水的治理与恢复,荷兰建立了大规模地下水监测网,对地下水脆弱性进行调查评价与编图,编制出版了相当数量具有普遍代表性的大比例尺地下水脆弱性图(冯裕华,2000)。

Ducci等(1999)利用GIS技术编制地下水污染风险图。Hrkal(2001)讨论了地下水脆弱性制图方法及其可靠性。Heike等(2007)以光学遥感数据作为补充手段编制半干旱地区的地下水风险强度图。Neukum等(2008)利用实地调查和数值模拟方法编制地下水脆弱性图。Pochon等(2008)基于脆弱性方法划定裂隙介质的地下水保护区。Bojórquez - Tapia等(2009)应用可视化DRASTIC评价地下水脆弱性。Misstear等(2009)利用地下水脆弱性填图进行地下水补给量的初步估计。Andreo等(2009)用COP方法进行岩溶含水层固有脆弱性填图。

(四)地下水脆弱性评价结果的检验

Hrkal(2001)评价了地下水对酸沉降的脆弱性。Ceplecha等(2004)评价了科罗拉多州地下水硝酸盐污染脆弱性。Holman等(2005)利用国家硝酸盐数据库对地下水污染的内在脆弱性评价结果进行了验证。Stigter等(2006)利用地下水含盐度和硝酸盐污染水平检验农业区DRASTIC方法和SI方法的地下水脆弱性评价结果。

二、国内地下水脆弱性研究现状

据2009年12月11日中国期刊全文数据库(www.cnki.net)地下水脆弱性(包括地下

水易污性、DRASTIC、地下水防污性能、含水层易污染性、污染脆弱性)文献量统计(见表1-1),国内有关地下水脆弱性的论述始见于1989年,2005年以后中文文献量明显增加。

(一)在地下水脆弱性的概念方面

Groundwater vulnerability to pollution 直译为“地下水对污染的脆弱性”。我国学者从不同的角度给了它不同的名称。郑西来等(1997)称之为地下水污染潜势;杨庆等(1999a;1999b)称之为地下水易污性;郭永海等(1996)、周金龙等(2004)、钟佐燊(2005)称之为地下水防污性能;王焰新等(2002)、杨桂芳等(2003)、赵俊玲等(2004)称之为地下水污染敏感性。目前一般认同为地下水脆弱性。

中国地质调查局(2006)在《地下水污染调查评价规范》中给出明确定义:地下水系统防污性能(Vulnerability of Groundwater Systems to Contamination)指土壤-岩石-地下水系统抵御污染物污染地下水的能力。

(二)在评价指标体系方面

影响地下水脆弱性的因素很多,概括起来分为自然因素和人为因素。自然因素指标包括含水层的地质、水文地质条件等;人为因素指标主要指可能引起地下水污染的各种行为因子。以上因子构成了地下水脆弱性的评价指标体系。

要建立一个包含所有因素的模型来评价地下水脆弱性是相当困难的,在实际应用中是不可能和不现实的。因为指标越多,意味着需投入的工作量越大;有些指标(如土壤的成分、有机质含量、黏土矿物含量)在区域性评价中取值比较困难,可操作性较差;指标越多,指标之间的关系也就越复杂,容易造成指标之间相互关联或包容(如含水层的水动力传导系数与含水层岩性密切有关);指标太多,也会冲淡主要指标的影响作用;精度不同的指标进行叠加时,最终结果的精度往往取决于低精度的指标。因此,应根据研究的目的、范围、研究区的自然地理背景、地质及水文地质条件以及污染与人类其他活动等方面来选取评价指标,同时还要兼顾指标体系的可操作性和系统性。建立一套客观、系统、易操作的指标体系是地下水脆弱性评价的关键。

不同评价方法选用的指标数量不等。国外学者提出的DRASTIC模型为7个指标,GOD模型和COP模型为3个指标。国内学者结合具体研究区的特定条件,提出了指标个数为3~11个不等的众多的评价模型。如刘淑芬等(1996)提出了3个指标的模型,郑西来等(1997)、周金龙等(2004)、钟佐燊(2005)、张泰丽等(2007)、周金龙等(2008)、邢立亭等(2009)、周金龙等(2009)提出了4个指标的模型,章程(2003)、严明疆(2006)、严明疆等(2008)、胡万凤等(2008)、李万刚等(2008)、严明疆等(2009b)提出了5个指标的模型,付素蓉等(2000)、付素蓉(2001)、王焰新(2002)、严明疆等(2005)、孙丰英等(2006)、刘香等(2007)、李立军(2007)、吴晓娟(2007)、孙丰英等(2009)、张雪刚等(2009)提出了6个指标的模型,陈浩等(2006)、陈学群(2006)、张泰丽(2006)、范琦等(2007)、孙爱荣等(2007)、刘仁涛等(2007)、刘仁涛(2007)、范基姣等(2008)、张少坤等(2008)、付强等(2008)、黄冠星等(2008)、张少坤(2008)、李文文等(2009)、张雪刚等(2009)提出了7个指标的模型,邹胜章等(2005)、张保祥(2006)、张保祥等(2009)提出了8个指标的模型,马金珠(2001)、马金珠等(2003)、姚文锋(2007)、许传音(2009)提出了10个指标的模型,李立军(2007)、卞建民等(2008)提出了11个指标的模型。

(三)在指标权重的确定方面

评价因子的相对权重反映了各个参数在地下水脆弱性中的“贡献”大小,权重越大,表明该因子对地下水脆弱性的相对影响越大。评价因子权重的分配,直接影响到评价的结果,是地下水脆弱性评价中的关键技术(左海凤等,2008)。

目前,确定指标权重的方法包括专家赋分法(胡万凤等,2008;李立军,2008)、主成分-因子分析法(雷静,2002;徐明峰等,2005;张泰丽,2006;姚文锋,2007;石文学,2009)、AHP层次分析法(陈学群,2006;李绍飞,2008;左海凤等,2008;曾庆雨等,2009;黄栋,2009;李瑜等,2009)、灰色关联度法(严明疆,2006;严明疆等,2009)、BP神经网络法(严明疆,2006;严明疆等,2009)、熵权法(张少坤,2008;曾庆雨等,2009)、试算法(邢立亭等,2007)、语气算子比较法(陈守煜等,2002)、ANN法(武强等,2006)等。

(四)在评价方法方面

1996年,欧盟与我国合作首次把DRASTIC方法引入并应用到大连和广州的含水层脆弱性评价中。目前,国内采用的地下水脆弱性评价方法主要有迭置指数法、过程模拟法、统计法和模糊数学法等(见表1-3)。

表1-3 我国采用的4类地下水脆弱性评价方法对比

方法	性质	对象	范围	结果	缺点	优点
迭置指数法	固有脆弱性或特殊脆弱性	多数潜水,少数浅层承压水	小比例尺(大范围)	定性、半定量或定量	评价指标的分级标准和权重多靠经验获得,客观性和科学性较差	指标数据比较容易获得,方法简单,易掌握
过程模拟法	特殊脆弱性	土壤、包气带	大比例尺(小范围)	定量	需要有足够的地质数据和长系列污染物运移数据	能描述影响地下水脆弱性的物理、化学和生物过程等
统计法	特殊脆弱性	潜水	小比例尺(大范围)	定量	需要足够的长系列的污染监测资料,在使用时应考虑可比性	能描述地下水对某一污染物的脆弱性
模糊数学法	固有脆弱性	潜水	小比例尺(大范围)	定量	人为构造隶属函数具有很大的随意性,计算烦琐	通过隶属函数来描述非确定性参数及其指标

注:引自徐慧珍,2007。

1.迭置指数法

在迭置指数法中,指标一般采用加法模型,并广泛地应用GIS技术的图层叠加功能完成地下水脆弱性指数的计算和地下水脆弱性分区。吴晓娟等(2007)认为广义脆弱性是在狭义脆弱性的基础上叠加上人类活动的影响,分加法模型和乘法模型。

将DRASTIC方法原封不动地应用到我国各地区并不能取得很好的效果,其原因为:

首先,在美国等发达国家,有比较完善的基础数据库系统,比较容易获得该方法所考虑的有关参数的相关资料和数据,而在我国许多地区,并不具备这样的条件。例如,土壤类型和包气带介质类型的资料就不容易获得。

其次,该方法中每个参数的评分范围也不完全适用于我国不同地区的具体状况。如在地势平坦的平原区,按照该方法的评分标准,全研究区的地形参数评分均为10分,地形参数对这类地区地下水脆弱性的判别已无实际意义。

在经典的DRASTIC模型的基础上,结合我国国情,针对不同地区的环境及地下水条件,国内众多学者提出了30余种迭置指数法,详见表1-4。

表1-4 国内学者提出的迭置指数法模型一览

评价模型或方法	评价指标	资料来源
DAADCQ(承压水)	含水层埋深、隔水层介质、含水层介质、地下水位下降幅度、渗透系数、地下水水质	李立军,2007
DARMTICH	地下水埋深、含水层补给模数、含水层岩性、地下水环境、地形坡度、非饱和带岩性、含水层综合渗透系数及人类活动影响	张保祥,2006
DCAT	承压含水层埋深、水力传导系数、隔水顶板岩性和隔水层厚度	邢立亭等,2009
DITRQP	地下水埋深、包气带岩性、含水层砂层厚度、含水层的补给强度、地下水水质现状、污染源	孙丰英等,2009
DLCT(承压水)	承压含水层埋深、隔水层岩性、隔水层的连续性、隔水层厚度	钟佐燊,2005
DPASTIC	地下水埋深、降雨入渗补给量、含水层岩性、土壤类型、地形坡度、非饱和带介质、含水层渗透系数	孙爱荣等,2007
DRAMIC	地下水埋深、含水层的净补给量、含水层岩性、含水层厚度、包气带岩性、污染物的影响	付素蓉等,2000
DRAMIP	地下水埋深、含水层富水性、含水层岩性、含水层厚度、包气带岩性、污染源的影响	刘香等,2007
DRAMTIC	降雨入渗补给量、地下水埋深、包气带介质、水力传导系数、含水层厚度、地下水开采强度、地形坡度	张泰丽,2006
DRAMTICH	地下水埋深、含水层补给模数、含水层岩性、地下水环境、地形坡度、非饱和带岩性、含水层导水系数、人类活动影响	张保祥等,2009
DRASCLP	地下水埋深、含水层的净补给、含水层的介质类型、土壤介质类型、含水层水力传导系数、土地利用率、人口密度	刘仁涛,2007
DRASEC	水位埋深、净补给量、含水层砂层厚度、地下水开采强度、包气带影响、含水层导水系数	严明疆等,2005
DRASICP	地下水埋深、净补给量、含水层介质、土壤类型、包气带岩性、含水层导水系数、污水灌溉	陈浩等,2006
DRASTE	地下水埋深、降雨灌溉入渗补给量、含水层渗透系数、土壤有机质含量、含水层累计砂层厚、地下水开采量	孙丰英等,2006
DRASTIK	地下水埋深、含水层降雨入渗补给量、含水层介质、土壤介质、地形、包气带介质、渗透系数	范基姣等,2008

续表 1-4

评价模型或方法	评价指标	资料来源
DRATMIC	地下水埋深、含水层净补给量、含水层岩性、地形坡度、含水层厚度、包气带岩性、渗透系数	李文文等,2009
DRAV	地下水埋深、含水层净补给量、含水层岩性、包气带岩性	周金龙等,2008
DRITC	地下水埋深、降雨补给量、包气带岩性、含水层砂层厚度、含水层水力传导系数	严明疆等,2008
DRPAVG	地下水埋深、净补给量、含水层富水性、含水层岩性、岩(土)介质、地貌因子	吴晓娟,2007
DRTA(潜水)	地下水埋深、包气带评分介质、包气带评分介质的厚度、含水层厚度	钟佐燊,2005
DRTALGC	地下水埋深、包气带评分介质、包气带评分介质厚度、含水层介质、距河距离、地形坡度、盖层	黄冠星等,2008
DRUA	含水层埋深、净补给量、包气带介质类型、含水层组介质类型	范琦等,2007
DSCTI	地下水埋深、地下水中固形物的含量、含水层厚度、包气带介质	张泰丽等,2007
EPIKSVLG	表层岩溶带发育强度、保护性盖层厚度、补给类型、岩溶网络系统发育程度、土壤类型、植被条件、土地利用程度、地下水开采程度	邹胜章等,2005
GRADIC	地下水类型、地下水的净补给量、含水层介质、地下水埋深、渗流区的影响、含水层渗透系数	张雪刚等,2009
GRADICL	地下水类型、地下水的净补给量、含水层介质、地下水埋深、渗流区的影响、含水层渗透系数、土地利用情况	张雪刚等,2009
IRRUDQELTS	冰川融水占径流比重、地下水补给强度、地下水重复补给率、地表水引用率、地下水开采率、潜水埋深 <1 m 的蒸发力、矿化度 <1 g/L 的面积比、潜水蒸发损失率、地下水位下降幅度、泉水衰减率	马金珠,2001
MEQU - DRASTIC	除 DRASTIC 7 个指标外,增加地下水开采强度、潜水蒸发强度、地下水水质、土地利用	李立军,2007
MQL - DRASTIC	除 DRASTIC 7 个指标外,增加地下水开采强度、地下水水质、土地利用类型	许传音,2009
REKST	岩石、表层岩溶、岩溶化程度、土壤层、地形	章程,2003
四指标法	潜水含水层渗透性、包气带自净能力、污染源的环境影响、地下水水质	郑西来等,1997
四指标法	包气带厚度、岩石透水性、地下水补给强度、地下水水力坡度	林山杉等,2000
四指标法	包气带黏性土层厚度、包气带厚度、含水层富水性、含水层纳污指数	周金龙等,2004
三指标法	包气带厚度、包气带黏性土层厚度、含水层厚度	郭永海等,1996
二元法(岩溶水)	覆盖层、径流特征	章程等,2007

2. 过程模拟法

王焰新等(2004)建立了改进的迁移能力指数模型(MLPI),并将其应用于山西省大同盆地。姚文锋(2007)和姚文锋等(2009)应用过程模拟模型 LEACHM 和 MODFLOW 与 Monte－Carlo 随机模拟相结合的方法,开展了基于过程模拟的地下水脆弱性研究。

3. 统计法

针对特定地区,采用污染组分浓度比,划分地下水脆弱性是可行的。赵俊玲等(2004)研究发现:在石家庄市辖区内,由于影响污染敏感性的其他因素大小不同,造成 NH_4^+、NO_3^- 和 NO_2^- 三者相互关系有较大区别。浅层地下水易污染区,NH_4^+ 浓度相对较低,NO_3^- 浓度相对较高,使得 NO_3^-/NH_4^+ 比值较大;相反在浅层地下水难污染区,水中 NH_4^+ 浓度相对较高,而 NO_3^- 浓度表现为相对含量较低的特征,其 NH_4^+/NH_3 比值较小。易污染区 $NO_3^- - N$ 的含量范围为 0.1～20 mg/L,而在难污染区未能检出(<0.1 mg/L)。利用这一结果可以定量地评价石家庄市区的污染敏感性。

4. 模糊数学法

在地下水脆弱性评价中,模糊数学法应用得也较普遍。模糊数学法是应用模糊变换原理和最大隶属度原则,考虑与地下水脆弱性相关的各个因素的综合影响,对受多个因素制约的地下水脆弱性作出综合评判。它是在确定评价参数、各参数的分级标准及参数权重的基础上,经过单参数模糊评判和模糊综合评判来划分地下水的脆弱性等级。该方法考虑了评价指标的连续变化对地下水脆弱性的影响。例如,郭永海等(1996)和林学钰等(2000)用模糊数学法分别研究了河北平原和松嫩平原地下水的脆弱性。

5. 多种方法的耦合

多种方法的耦合是脆弱性评价的一种发展趋势。姜桂华(2002)用“三氮”迁移转化过程模型与模糊综合评判法和模糊自组织迭代数据分析技术等评价模型相结合的耦合评价方法对地下水特殊脆弱性进行了评价。雷静(2002)和雷静等(2003)以参数系统法为基础,通过 HYDRUS 模型进行数值模拟来建立评价因子的评分体系,将数学模型和统计方法嵌入综合模型中。宋峰等(2005)在选择评价指标的基础上,采用数值模型,在一定的控制条件下,对污染物运移过程进行模拟,根据各个评价指标的变化情况对地下水脆弱性的影响,建立评分标准。孙丰英等(2006)用 HYDRUS 模型对各指标进行模拟。毛媛媛等(2006)建立了区域的地下水数学模型,确定区域内裂隙岩溶含水层的地下水参数。吴夏懿(2006)利用 Visual MODFLOW 软件建立了济宁市地下水流和溶质运移数值模型,得到含水层净补给和含水层渗透系数的分布结果。邢立亭等(2007)采用模块化三维有限差分地下水流动模型获得含水层补给量、水力传导系数、入渗系数等因子。李立军(2007)采用 Visual MODFLOW 软件进行了地下水流数值模拟,获得了净补给和渗透系数两个评价指标的分区结果,应用模糊聚类法进行了地下水水质评价,得到了水质现状这一指标的分区结果。方樟(2007)将地下水流数值模拟与地下水脆弱性评价相结合,对研究区的地下水流场进行了预测,进而对未来的地下水脆弱性进行了评价。李文文等(2009)将地下水模拟系统(GMS)软件应用于地下水脆弱性评价中。

(四)在评价等级的划分方面

目前,对地下水脆弱性的分级尚没有一致的标准,不同学者在对地下水脆弱性评价结果的分级上不尽相同,划分等级3、4、5、10级不等,以5级为最常见。5级划分为脆弱性很低、脆弱性较低、脆弱性中等、脆弱性较高和脆弱性很高。

范琦等(2007)、肖长来等(2007)和李绍飞等(2008)将地下水脆弱性划分为10级(见表1-5)。

表1-5　10级地下水脆弱性划分

级别	1	2	3	4	5	6	7	8	9	10
脆弱性描述	脆弱性极低(极难污染)	脆弱性很低(很难污染)	脆弱性较低(较难污染)	脆弱性略低(略难污染)	脆弱性稍低(稍微污染)	脆弱性稍高(稍易污染)	脆弱性略高(略易污染)	脆弱性较高(较易污染)	脆弱性很高(很易污染)	脆弱性极高(极易污染)

林山杉等(2000)、张立杰等(2001)、马金珠等(2003)和李万刚等(2008)将地下水脆弱性程度划分为极端脆弱、严重脆弱、中等脆弱和弱脆弱4个等级。

郭永海等(1996)、周金龙等(2004)、贺帅军等(2008)和张保祥等(2009)将评价结果划分3级,即高脆弱性、中等脆弱性和低脆弱性。

冯小铭等(1995)认为:在确定地下水污染防护等级时,将处于相同天然环境地质条件下,人类活动影响强烈地区,地下水污染防护等级提高一级,而人类活动影响微弱地区,地下水污染防护等级相应降低一级。

(五)在评价结果的检验方面

在国内众多的地下水脆弱性评价实例中,对结果进行检验的不多,据不完全统计,在153个评价实例中,只有25个实例对评价结果进行了检验,仅占16.3%。检验的方法如下:

1.与硝酸盐含量进行对比

雷静(2002)、雷静等(2003)、姜桂华等(2004)、李大秋等(2007)、李辉等(2007)、徐慧珍(2007)、姚文锋(2007)、姚文锋等(2009a)、姚文锋等(2009b)和曾庆雨等(2009)将脆弱性评价结果与硝酸盐含量进行对比。

曾庆雨等(2009)应用ArcView GIS的证据权方法分析各指标与硝酸盐氮质量浓度的相关性并生成后验概率图。含水层厚度、天然总补给量、土壤有机质含量、地形坡度、渗透系数、保护层、土壤类型与硝酸盐氮质量浓度的相关系数分别为:0.217 9、0.346 7、-0.327 0、0.583 9、0.325 2、-0.861 2、0.461 5。说明保护层、地形坡度及土壤类型3项指标对硝酸盐氮质量浓度的影响较大。原因主要是:地表上覆的介质决定了硝酸盐离子通过该介质到达地下水的难易程度,地形坡度影响着地表污染物渗透至含水层中的浓度。

姚文锋等(2009)将监测井中的硝酸盐氮浓度分为≤5 mg/L和>5 mg/L两大类,即低浓度和高浓度水平。以整个评价区内的地下水监测井为样本,分别统计属于不同地下水脆弱性类别中不同硝酸盐氮浓度水平的监测井数目,结果表明:海河流域平原区(河北省部分)硝酸盐氮浓度>5 mg/L的监测井共有48眼,其中分布在高脆弱性区的有40眼,所占比例为83.33%,而在低脆弱性区内没有出现硝酸盐氮浓度>5 mg/L的监测井的情况。硝酸盐氮浓度高的监测井绝大多数出现在地下水脆弱性高的区域,从某种程度上说明了地下水脆弱性与硝酸盐氮浓度水平具有一定的正相关性,地下水脆弱性愈高的地方愈容易被污染,这在一定程度上说明了评价结果的客观合理性。

2. 与有机物污染程度进行对比

刘淑芬等(1996)和王焰新等(2002)将脆弱性评价结果与有机物污染程度进行对比。王焰新等(2002)把武汉市第四系地下水污染敏感性分区图与区内地下水微量有害组分质量浓度(特别是苯系物质量浓度)分布进行对比,结果发现,污染物质量浓度明显受地下水污染敏感性的影响和控制。

3. 与 Cl^- 含量进行对比

范琦等(2007)将地下水脆弱性评价结果与 Cl^- 含量进行对比,两者间具有较高的一致性。

4. 与砷污染结果进行对比

郭清海(2005)将地下水脆弱性评价结果与砷含量进行对比,两者间具有较高的一致性。

5. 与地下水水质评价结果进行对比

陈浩等(2006)、楚文海等(2007)、孙才志等(2007)、邢立亭等(2007)、朱章雄(2007)、李万刚等(2008)和邢立亭等(2009)将地下水脆弱性评价结果与地下水水质评价结果进行对比。陈浩等(2006)通过脆弱性评价结果与地下水水质评价结果的对比分析,发现两者具有较好的相关性,说明污水灌溉对地下水系统脆弱性的影响是不容忽视的重要因素之一。

6. 与示踪试验和微生物测试分析数据对比

章程等(2007)用示踪试验和微生物测试分析数据验证了脆弱性评价结果。

7. 与广泛使用的模型(如 DRASTIC 等)的评价结果进行对比

王国利等(2000)、刘仁涛等(2007)和孟宪萌等(2007)将改进模型评价的地下水脆弱性结果与广泛使用的模型(如 DRASTIC 等)的评价结果进行对比。

8. 与地下水水源地保护带划分结果对比

赵航(2008)对辽宁省锦州市 20 个水源地分别计算脆弱性指数,并与地下水水源地保护带划分结果对比。

(六)在评价区的地理分布方面

据不完全统计,国内已在 82 个地区开展了地下水脆弱性评价工作,其中西北地区为 9 个,仅占 11.0%。详见表 1-6。地域广大的西北地区地下水脆弱性评价工作亟待加强。

三、地下水脆弱性研究存在的一些问题

近年来,随着人们水资源保护意识的提高,国内外在地下水脆弱性研究方面开展了大量研究工作,取得了许多理论和实践成果。但由于地下水系统的复杂性与地域差异性及人们认识的差异性,目前对地下水脆弱性研究还存在一些问题或薄弱环节,有待于进一步研究和完善,主要表现在以下几个方面:

(一)概念方面

地下水脆弱性概念的内涵和外延在认识上存在差异,尚无一个明确的、被普遍接受的、统一的定义。鉴于目前我国与地下水有关的部门众多,从应用角度考虑,本书主张地下水资源脆弱性应明确区分为水质脆弱性和水量脆弱性两个方面,在评价时应分别进行,

以提高评价结果的实用性。

表 1-6　我国地下水脆弱性评价地区的地理分布状况

评价区	资料来源
北京市近郊区	周磊,2004
北京市平原区	黄栋,2009
北京市顺义区	王红旗等,2009
东北松嫩平原	方樟等,2007
福建泉州沿海地区	仪彪奇等,2009
甘肃省石羊河流域	王化齐,2006;孙艳伟,2007;孙艳伟等,2007
甘肃张掖盆地	Wen 等,2009
广东省湛江市	李辉等,2007
广西黎塘镇	李瑜等,2009
贵州普定后寨地下河流域	章程,2003
贵州省贵阳市	楚文海等,2007
海河流域	肖丽英,2004;肖丽英等,2007;姚文锋等,2009
海南岛	韩志明等,2009
河北平原	刘淑芬等,1999;郭永海等,1999
河北省沧州市	杨旭东等,2006;阮俊等,2008;王秀明,2008;范基姣等,2008
河北省滹滏平原区	孙丰英等,2006;严明疆,2006;严明疆等,2008;严明疆等,2009
河北省廊坊市	刘香等,2007
河北省栾城县	陈浩等,2006;范琦等,2007
河北省滦河冲洪积扇	宋峰等,2005
河北省秦皇岛市	谢亚琼等,2007
河北省石家庄市	赵俊玲等,2004;严明疆等,2005;王文中,2006;曲文斌等,2007
河北省唐山市平原区	雷静,2002;雷静等,2003;姚文锋,2007;武强等,2009;姚文锋等,2009
河南省宁陵县	贺新春等,2005;刘卫林等,2007;李梅等,2007
黑龙江省鸡东县	曲洪财等,2007
黑龙江省鸡西市	许传音,2009
黑龙江省齐齐哈尔地区	张伟红,2007
黑龙江省三江平原	刘仁涛等,2007;付强等,2008a;付强等,2008b;刘仁涛等,2008;张少坤等,2008
湖北省武汉市区	付素蓉,2001;王焰新等,2002
湖北省钟祥市	袁建飞等,2009
湖南省长沙市黄兴镇	梁婕等,2009
黄河下游地区(河南省、山东省)	冶雪艳,2006
吉林省长春市	Bokar,2004;徐明峰等,2005
吉林省吉林市城区	辛欣等,2005
吉林省松原市	李立军,2008

续表 1-6

评价区	资料来源
吉林省通榆县	李立军,2007;卞建民等,2008
吉林省西部平原区	马力等,2009
江苏省徐州张集地区	毛媛媛等,2006;李燕,2007;张雪刚等,2009
江西省抚州市	孙丰英等,2009
江西省九江市	孙爱荣等,2007;周爱国等,2008
辽宁省大连市	杨庆等,1999a;杨庆等,1999b;王国利等,2000;陈守煜等,2002;刘仁涛等,2007
辽宁省大庆市主城区承压水	孙伟等,2006
辽宁省锦州市	赵航,2008
辽宁省松嫩平原	林山杉等,2000;张立杰等,2001;方樟,2007;肖长来等,2007
辽宁省铁岭市	元红,2008
辽宁省下辽河平原	左海军,2006;单良等,2006;孙才志等,2007;卞玉梅等,2008;曾庆雨等,2009;孙才志等,2009
辽宁省中南部	杨维等,2007;王虎等,2008;李宝兰等,2009
山东半岛北部黄水河流域	张保祥等,2009a;张保祥等,2009b
山东济南市东部	武强等,2006
山东济南地区岩溶水	邢立亭等,2009
山东省黄水河流域	张保祥,2006;张保祥等,2009a;张保祥等,2009b
山东省济南裂隙岩溶水系统	邢立亭等,2007;李大秋等,2007;高赞东,2007;徐慧珍,2007;邢立亭等,2009
山东省济宁市	吴夏懿,2006;孟宪萌等,2007;张树军等,2009
山东省莱州市	陈学群,2006
山东省青岛市大沽河流域	贾立华,2003;李涛,2004;郑西来等,2004;韩志勇等,2005;郑西来等,2007
山东省泰安市	王丽红,2008;李文文等,2009
山东省泰山低山丘陵区	Dixon 等,2007
山西省祁县	王勇,2006;李绍飞等,2008
山西省大同盆地	王焰新等,2004
山西省太原盆地	郭清海,2005;Guo 等,2007;蒋方媛等,2008;李砚阁等,2008
陕西省北部	贺帅军等,2008
陕西省关中盆地	杨晓婷等,2001;姜桂华,2002;姜桂华等,2004
陕西省西安市	郑西来等,1997;吴晓娟,2007;吴晓娟等,2007a;吴晓娟等,2007b
天津市宁河县	石文学,2009
西南岩溶区	杨桂芳等,2003;邹胜章等,2005
新疆塔里木盆地南缘	马金珠,2001;马金珠,2003
新疆乌鲁木齐河流域	李万刚等,2008
新疆焉耆县平原区	周金龙等,2008

续表 1-6

评价区	资料来源
新疆塔里木盆地	周金龙等,2009
云南潞西盆地	魏海霞等,2006
云南省环滇池城区	范建伟,2008
云南省丽江盆地	陈美贞等,2006;范弢等,2007a;范弢等,2007b
云南省丽江市	陈美贞,2006
云南省曲靖盆地	庞君等,2006a;庞君等,2006b
云南省玉溪盆地	张苗红等,2007
浙江省杭嘉湖地区	胡万凤等,2008
浙江省杭州市西湖流域	董亮等,2002
浙江省丽水市	张泰丽,2006
浙江省台州市	张泰丽,2007
重庆金佛山	章程等,2007
重庆市黔江	朱章雄,2007
重庆市西部	张强等,2009
珠江三角洲	黄冠星等,2008

(1)过分强调地下水本质脆弱性和特殊脆弱性的区别。事实上,在地下水本质脆弱性的指标中,含水层净补给量也是受人类活动深刻影响的,在内陆干旱地区尤其如此,因为在内陆干旱地区,含水层的净补给量主要来源于灌区的灌溉水入渗补给。同时土壤层的特征也受土地利用方式的影响。

(2)对地下水脆弱性的定义及评价大多侧重于水质方面,基本没有考虑水量因素。目前地下水脆弱性研究主要是地下水易污染性评价,并没有切实与水量结合起来,因此称之为地下水水质脆弱性研究更为合适。地下水脆弱性研究应该结合地下水量的研究工作,并把它纳入水资源脆弱性的研究范畴。

(3)对地下水脆弱性动态特性认识不足。由于人类活动的影响,地下水脆弱性的影响因素会随时间而发生变化,地下水脆弱性不是固定不变的,而是动态的。

(二)评价指标及等级划分方面

(1)评价指标考虑地区差异性不够。在脆弱性评价中,评价指标体系的选取至关重要。由于影响地下水脆弱性的因素多且复杂,有定性指标,也有定量指标。有些指标之间有相互关联性或包容性,所以在确定评价指标体系时,如何排除指标之间的相互关联或包容性,以及定性指标的量化标准问题还没有一个好的解决方法。

(2)对包气带土层在地下水脆弱性评价中的重要性认识不足。包气带土层是污染物进入地下水的通道,因此是影响地下水脆弱性的关键因素。由于包气带土层与污染物尤其是非保守物质之间相互作用复杂,对污染物在包气带土层特别是天然原状土层中的迁移转化机理尚未充分掌握,在地下水脆弱性研究中考虑污染物在包气带中的运移转化及积累的过程还不够。

(3)地下水脆弱性等级划分标准不统一。地下水脆弱性等级划分标准经常是研究者确定的,人为干扰因素比较大。由于不同地区水文地质条件的差异性,若要提出统一的地下水脆弱性级别划分标准也是很困难的。因此,选择一种更能反映实际情况的地下水脆弱性级别划分方法也是今后需要解决的问题。

(三)评价模型方面

(1)迭置指数法一般简化为单一的叠加关系。大多数地下水污染脆弱性评价研究将含水层固有脆弱性与外界胁迫脆弱性相互作用的复杂关系简化成单一的叠加关系。实际上,具有高脆弱性的地区如果没有明显的污染负荷则不存在污染风险;即便在脆弱性较低但污染负荷高的地区仍存在较大的污染风险。因此,应有不同的组合关系,在 GIS 计算实现的手段上可以进行叠加运算(Overlay),也可以进行乘积运算(Cross)。

(2)过程模拟方法的实用性有待加强。揭示污染物迁移过程的过程模拟与评价模型相耦合的评价方法研究仍较滞后,数值模拟往往需要众多的参数,而这些参数的获取通常是较困难的,资料的缺乏会限制该方法的应用。对于水文地质条件清楚、数据充足,或已经建立了数值模型的地区,过程模拟法无疑是最好的方法。因此,为了推广基于数值模拟的脆弱性评价,有必要选定若干个对地下水脆弱性有重要控制作用且较易获得的参数。

(3)统计方法有待加强。统计方法依赖于大量的数据,有足够的数据才能保证统计方法的有效性,这导致该方法在脆弱性评价中一般很少被采用。

(4)在选择评价模型时,考虑空间尺度效应不够。不同尺度的评价采用统一的模型显然是不合适的。在进行城市区域小范围内的地下水脆弱性评价时,没必要考虑太多的因素,只要抓住包气带岩性及其厚度等主要因素即可。

(5)对岩溶水和裂隙水脆弱性评价模型研究不足。现有的评价模型大多针对第四系松散岩类孔隙水,对岩溶水和裂隙水脆弱性的研究较薄弱,尤其是我国裂隙水脆弱性的研究尚处在探索阶段。

(四)评价结果及图示方面

(1)评价结果缺乏统一性和可比性。不同研究者根据特定研究区的特点,选取了数量不同(3 ~11 个)的评价指标体系,因而评价结果无法进行比较。本书认为应该在不同水文地质单元内选择 1 ~2 个典型地域(一个城市或一个县),开展不同区域、不同尺度适宜指标体系的研究,以增加评价结果在类似区域的可比性。

(2)缺乏检验地下水脆弱性的有效方法。模型的有效性需要根据实际地下水监测结果进行验证和调整。由于检验地下水脆弱性评价结果需要大量的监测数据,且包气带和含水层对不同污染组分的脆弱性不同。因此,如何选择检验用的水质指标,客观地检验脆弱性评价结果是目前存在的一个问题。

(3)地下水系统脆弱性编图的方法有待统一和标准化。地下水系统脆弱性编图的方法要统一,体现脆弱性的符号和形式要一致,编图的对比方法理论仍需进一步研究;要规范检验图件的有效性,以便能够及时地发现脆弱性评价结果是否与实际情况相吻合;要增强脆弱性图的可读性、可比性和实用性。从实用角度考虑,地下水水质脆弱性图和地下水水量脆弱性图应分别编制,在此基础上,编制地下水资源脆弱性图,这样便于不同部门

(如环境保护部门、水利部门、土地规划部门等)的相关人员使用。

(五)在地下水脆弱性评价模型的程序化方面

地下水脆弱性评价模型的程序化水平有待提高。现今,计算机技术和自动化日益普遍,但在国内外对于地下水脆弱性评价模型的程序化问题很少涉及。在地下水脆弱性评价工作中,由于现实情况的不确定性和地下水系统的复杂性,实际的评价工作如果采用人工计算评价区域的地下水脆弱性会浪费大量的时间和精力,并极易出错。选择用编程语言编译地下水脆弱性评价模型,实现对评价区域的自动运算不仅保证脆弱性计算的快速、准确,还能节省大量的人力、物力。

虽然存在上述问题,但随着研究的不断深入,地下水脆弱性评价方法将不断完善,其评价结果必将在指导土地利用规划、防治地下水污染等方面发挥更大的作用。

第三节　研究目标及主要内容

一、研究目标

本研究的目标为:理论研究与应用研究并重、定性与定量分析相结合、国内与国外相互参照和多学科综合、交叉研究等,建立适合干旱区不同空间尺度的环境条件、地下水条件和现有资料条件的评价指标体系、权重确定方法及评价模型。在理论研究的基础上,以塔里木盆地(流域尺度)和焉耆县平原区(县域尺度)为例进行实证研究,为塔里木盆地和焉耆县平原区地下水资源的有效保护提供科学的决策依据。

二、研究的主要内容

本研究的主要内容为:

(1)对现有地下水脆弱性评价理论与方法进行了较全面的梳理。

(2)对常用的地下水脆弱性评价模型的局限性进行了深入分析,提出了适合干旱区流域尺度地下水脆弱性评价的 DRAV 模型,以塔里木盆地潜水为例进行了实例应用研究。

(3)基于遥感(RS)技术,提出了适合干旱区县域尺度地下水脆弱性评价的 VLDA 模型,以焉耆县平原区潜水为例进行了实例研究。

(4)基于非饱和地下水流数值模拟和饱和地下水流模拟结果,提出了县域尺度地下水脆弱性评价的耦合 DRAV 模型,以焉耆县平原区潜水为例进行了实例研究。

第四节　技术路线与方法

一、技术路线

以系统理论为核心指导思想,地下水系统可持续利用为最终目标,采用技术路线如图 1-1 所示。

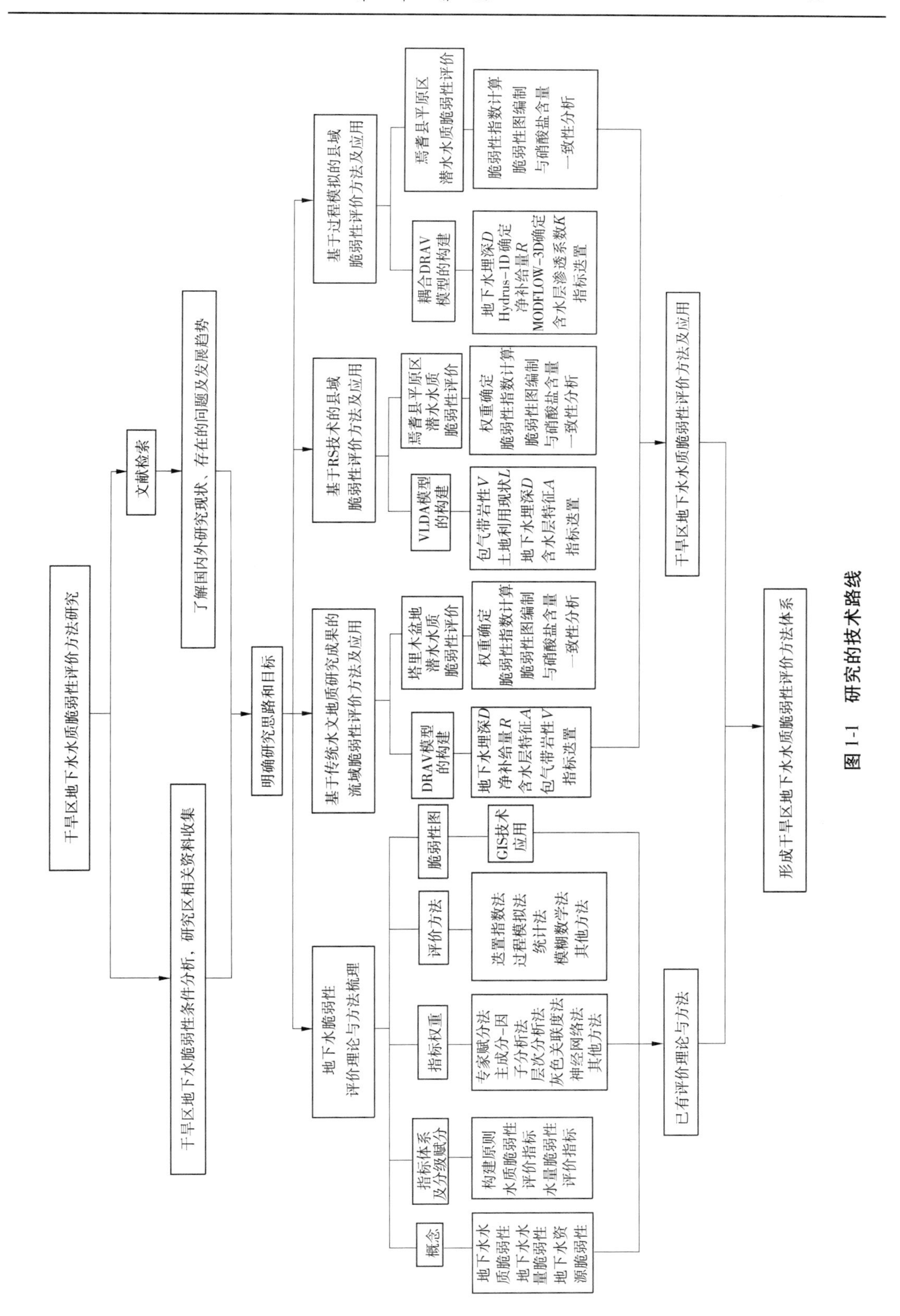

干旱区地下水水质脆弱性评价方法研究
文献检索
了解国内外研究现状、存在的问题及发展趋势
干旱区地下水脆弱性条件分析，研究区相关资料收集
明确研究思路和目标
地下水脆弱性评价理论与方法梳理
基于传统水文地质研究成果的流域脆弱性评价方法及应用
基于RS技术的县域脆弱性评价方法及应用
基于过程模拟的县域脆弱性评价方法及应用
概念
地下水水质脆弱性 地下水水量脆弱性 地下水资源脆弱性
指标体系及分级赋分
构建原则 水质脆弱性评价指标 水量脆弱性评价指标
指标权重
专家赋分法 主成分-因子分析法 层次分析法 灰色关联度法 神经网络法 其他方法
评价方法
迭置指数法 过程模拟法 统计法 模糊数学法 其他方法
脆弱性图
GIS技术应用
DRAV模型的构建
地下水埋深D 净补给量R 含水层特征A 包气带岩性V 指标迭置
塔里木盆地潜水水质脆弱性评价
权重确定 脆弱性指数计算 脆弱性图编制 与硝酸盐含量一致性分析
VLDA模型的构建
包气带岩性V 土地利用现状L 地下水埋深D 含水层特征A 指标迭置
焉耆县平原区潜水水质脆弱性评价
权重确定 脆弱性指数计算 脆弱性图编制 与硝酸盐含量一致性分析
耦合DRAV模型的构建
地下水埋深D Hydrus-1D确定净补给量R MODFLOW-3D确定含水层渗透系数K 指标迭置
焉耆县平原区潜水水质脆弱性评价
脆弱性指数计算 脆弱性图编制 与硝酸盐含量一致性分析
已有评价理论与方法
干旱区地下水水质脆弱性评价方法及应用
形成干旱区地下水水质脆弱性评价方法体系

图1-1 研究的技术路线

(1)查阅国内外有关的地下水脆弱性评价理论和方法的文献,对地下水脆弱性评价的理论和方法体系有一定的理解,形成地下水脆弱性评价指标体系及模型的初步设想。

(2)建立基于传统水文地质成果的流域地下水脆弱性评价模型——DRAV 模型。针对我国内陆干旱区环境条件、地下水条件及资料条件,在进行深入的定性分析基础上,选取地下水埋深 *D*、含水层净补给量 *R*、含水层特征 *A*(以单位涌水量为指标)和包气带岩性 *V* 为评价指标;将国内外 8 位学者确定的权重归并到 DRAV 模型中,并进行归一化处理,得到 DRAV 模型中各指标的权重;采用 DRAV 模型评价塔里木盆地潜水的脆弱性,并对脆弱性评价结果与地下水污染评价结果的一致性进行了分析。

(3)建立基于遥感技术的县域尺度地下水脆弱性评价模型——VLDA 模型。针对我国内陆干旱区环境条件、地下水条件及资料条件,在进行深入的定性分析基础上,选取包气带岩性 *V*、土地利用现状 *L*、地下水埋深 *D* 和含水层特征 *A*(以单井涌水量为指标)为评价指标,将遥感技术解译的土地利用现状成果引入地下水脆弱性评价之中;将国内外 8 位学者确定的权重归并到 VLDA 模型中,并进行归一化处理,得到 VLDA 模型中各指标的权重;在此基础上,采用 VLDA 模型评价了焉耆县平原区潜水脆弱性,并用监测井中地下水硝酸盐含量对脆弱性评价结果进行了检验。

(4)建立基于数值模拟的县域地下水脆弱性评价系统——耦合 DRAV 模型。潜水净补给量 *R* 采用非饱和 - 饱和地下水流模拟模型(HYDRUS - 1D 模型)确定,含水层特征 *A*(以渗透系数 *K* 来表征)应用饱和地下水流模拟模型(MODFLOW - 3D 模型)确定;在此基础上,对焉耆县平原区地下水脆弱性进行了评价;并用地下水硝酸盐含量分布对脆弱性评价结果进行了检验。

(5)构建干旱区不同空间尺度地下水脆弱性评价方法体系。

二、采用的方法与技术

采用的方法与技术包括:水文地质条件分析法;水文地质调查法(获取包气带岩性 *V* 及地下水埋深 *D* 数据,采集地下水水样);GPS 全球定位技术(获取调查点的空间坐标);饱和地下水流数值模拟技术(获取含水层特征参数的空间分布);非饱和 - 饱和地下水流数值模拟技术(精确获取含水层净补给量的空间分布);遥感(RS)技术(获取土地利用现状数据);地理信息系统(GIS)技术(完成地下水脆弱性图件的编制);数理统计方法(确定各流域地下水污染起始值,进行地下水脆弱性评价结果与地下水水质状况的一致性分析)等。

第五节　主要创新点

(1)构建了内陆干旱区地下水脆弱性评价指标体系、权重标准和评价模型。

(2)针对我国内陆干旱区地下水特点,提出了适应我国传统水文地质调查成果表示法的流域地下水脆弱性评价的 4 因子模型——DRAV 模型。

(3)提出了基于遥感技术的县域地下水脆弱性评价的 4 因子模型——VLDA 模型。

(4)提出了过程模拟法和迭置指数法相结合的基于非饱和 - 饱和以及饱和地下水流

数值模拟的耦合 DRAV 模型。

第六节　小　结

本章主要介绍了地下水脆弱性的定义及分类,脆弱性研究的意义,从概念、指标体系、评价方法、脆弱性制图等方面综述了国内外关于地下水脆弱性研究的进展及存在的问题,对本书的主要内容、技术路线和创新点进行了说明。

第二章　地下水脆弱性评价理论及方法

第一节　地下水脆弱性的特征

一、地下水脆弱性分析的概念模型

本书从发生学的角度，将地下水污染看成是一个复杂的自然－人工过程，依次包括“污染源排放→包气带输送→地下水污染”。在进行地下水脆弱性分析时，不仅要从水文地质条件分析地下水受到人为污染的潜在可能性，还要将人类活动（污染源）看成是地下水污染的直接原因（见图2-1）。

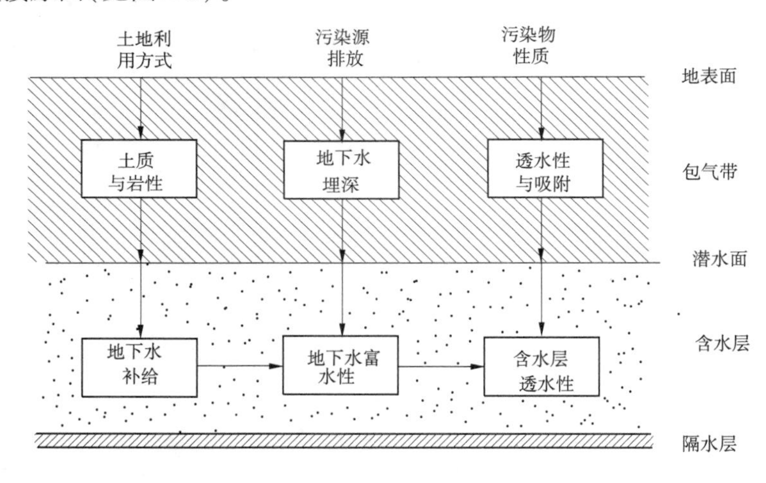

图2-1　地下水污染脆弱性分析的概念模型（吴晓娟等，2007）

水文地质条件包括包气带介质和含水层两个方面。其中，包气带方面包括了地形、地下水埋深、土质岩性、岩层空隙度等；含水层方面包括了含水层厚度、含水层岩性、富水性和补给量等。

人类活动（污染源）是地下水污染的直接原因，应考虑的人为因素有土地利用方式（或城市功能分区）、污水排放量、污染物的毒性等。例如，在某些地区地下水埋藏浅、岩层透水性强，若采用清水灌溉（尤其是滴灌），地下水也可能不发生污染；相反，在城市和工矿污水排放量大的地区，即使地下水埋藏较深，仍有可能受到严重污染。

人类活动排放的各种污染物（包括工业废水、生活污水、农业用化学品随灌溉水入渗等）要进入地下引起地下水污染，需要经过包气带的渗透和过滤，以及含水层的稀释与混合。因此，水文地质条件对地下水污染有着重要的影响。在污染物从地表进入潜水含水层的过程中，包气带厚度和土（岩）性质对其有很大的过滤和净化作用，不同地形单元的相对高度、地下水埋深、土层结构、透水性差异较大，使得不同地点地下水的脆弱性差异较大；另外，含水层的厚度、外源补给量、富水性等，对进入地下水中的污染物也具有冲淡稀释作用，使源强相同的不同地区受污染的程度也会有所差异。

二、地下水脆弱性的一般特征

（一）地下水脆弱性的高低取决于自然因素和人类活动的共同作用

地下水脆弱性高低是由自然与人为因素共同决定的。因此，在进行地下水脆弱性评价时，既要考虑水文地质条件，也要考虑人类活动（污染源）的影响。

（二）地下水脆弱性受人类活动的影响越来越显著

人类活动对含水层已经产生了明显的影响，要严格区分地下水的本质脆弱性和特殊脆弱性已经不可能，也没有必要。

路洪海（2004）从水文地质本身的内部要素分析岩溶含水层高度脆弱性的原因，详细论述了农业活动、工业和城市化及矿山开采等对岩溶含水层脆弱性的影响，认为人类活动的叠加无疑加剧了岩溶含水层的脆弱性。岩溶含水层的本质脆弱性使其对人类活动表现出少有的敏感性，人类活动在很大程度上影响着地下水的水质、水量。伴随着人口的增长和城镇用地的扩张，人们开始毁林开荒、围湖造田，愈来愈强烈地改变着自然环境。人类活动对环境造成的有意无意的污染或破坏对高度脆弱性的岩溶含水层造成了极大威胁与损害。

严明疆等（2009a；2009b）从三个阶段（1958 年、1984 年和 2000 年）对滹沱河流域地下水脆弱性进行了评价，结果表明：由于地下水的长期大量开采，使地下水脆弱性影响因素（如地下水埋深、包气带厚度和降雨入渗系数等）发生了变化，从而使地下水脆弱性发生变化。

（三）不同地区和不同类型含水层地下水脆弱性的特征具有明显的差异

不同地区（平原区和山区、内陆地区和沿海地区、湿润地区和干旱地区）地下水脆弱性的影响因素不尽相同，不同类型地下水（孔隙水、岩溶水和裂隙水）脆弱性的特征也具有明显的差异。因此，对地下水脆弱性评价指标的选择、权重的确定及评价模型的构建等应区别对待。

第二节　地下水脆弱性影响因素及其评价指标体系

一、地下水脆弱性影响因素

（一）固有脆弱性影响因素

与地下水固有脆弱性定义相对应，固有脆弱性的影响因素主要是自然因素。它包括与地下水系统有关的地貌、地质和水文地质等自然因素。概括起来主要有以下几方面因素。

1. 地貌因素

地貌因素主要影响污染物的迁移和积累过程。

2. 地质因素

地质因素包括地质构造、包气带岩性和地层结构等方面。在内陆干旱平原区，由于各单元的地质构造变化不大，可以忽略地质构造对地下水脆弱性的影响。包气带岩性是影响污染物向含水层迁移和积累的主要因素。地层结构是指包气带岩性的组合情况。根据包气带地层岩性组合特点，地层结构可划分为单一结构、双层结构和多层结构。

3. 水文地质因素

水文地质因素主要是从含水层本身对污染物的净化性能及包气带的自净能力两方面考虑。

包气带自净能力的大小取决于包气带岩性、厚度、渗透性和吸附性能等。包气带颗粒越细，渗透性越小，对污染物的吸附能力越大，包气带的自净能力就越强；包气带厚度越厚，自净能力越强，地下水越不脆弱。反之，包气带厚度薄，颗粒粗，渗透性大，自净能力弱，地下水越脆弱。

污染物进入含水层后，污染物迁移的范围和速度取决于含水层的性质。因此，含水层性质也是影响地下水脆弱性的一个因素。含水层的净化性能受含水层的稀释能力和污染物在含水层中的滞留时间等因素影响。

地下水水质反映了地理气候等自然条件下含水层的水质背景情况。在水平方向径流条件弱、垂直方向蒸发强烈的地区，地下水水质差，抗污染能力弱而表现为脆弱。矿化度可综合反映地下水水质状况，因此可以将矿化度作为地下水脆弱性的一个影响因素（周金龙等，2004）。矿化度越大，地下水水质越差，抗污染性越弱，地下水越脆弱。

（二）特殊脆弱性影响因素

由特殊脆弱性的定义可知，特殊脆弱性的影响因素包括自然因素和人为因素。

1. 自然因素

自然因素是指包括地貌、地质和水文地质条件以及与污染物迁移有关的影响因素。地貌、地质和水文地质等因素的影响作用在前面固有脆弱性影响因素中已论述，这里不再赘述。需要着重指出的是，包气带对某种污染物的吸附性能是特殊脆弱性的一个影响因子。包气带吸附性强，对污染物向下迁移的阻滞作用强，地下水不易污染；反之，地下水易污染。由于土壤对“三氮”中的硝态氮（NO_3^-、NO_2^-）的吸附性极弱，一般情况下不考虑，所以可以用 NH_4^+ 的吸附容量（mg/100 g）表示包气带对“三氮”的吸附性。在评价干旱地区农业区地下水脆弱性时，若重点考虑盐分（以矿化度或 Cl^- 含量来表征）对地下水脆弱性的影响，包气带岩性（组合）的作用就可以适当弱化一些。

2. 人为因素

人类活动（可以用土地利用方式来表征）对地下水特殊脆弱性的影响很大，不同地区人类活动方式存在显著的差异，相应地，人类活动对地下水脆弱性的影响方式和程度也会出现明显的区别。

地下水 NO_3^- 污染主要是由城镇排污和农业施肥造成的。城镇排污属点源污染，农业施肥属非点源污染。因此，可以用农田施氮肥量代表人类活动对地下水“三氮”污染的影响因素。施氮肥量越多，氮素流失越严重，地下水氮污染越严重。

在内陆干旱农业区，随着灌溉方式的改变（从大水漫灌到节水灌溉），含水层的净补给量及随灌溉水进入含水层的农业污染物数量都将发生改变。

二、地下水脆弱性评价指标体系及分级标准

(一)指标体系的构建原则

在进行地下水脆弱性评价的研究中，评价指标的选取和评价指标体系的构建显然是非常关键的。应根据研究的目的、范围、研究区的自然地理背景、地质、水文地质条件及人类活动等方面来选取评价指标，同时还要兼顾指标体系的可操作性和系统性。只有选择了合理的指标体系，才能根据各种模型或方法合理地评价地下水脆弱性。构建评价指标体系应遵循以下原则(张伟红，2007；周金龙等，2009)：

(1)代表性原则。指标体系的建立一定要有科学的依据，各指标应能够直接反映地下水脆弱性特点和潜在影响因素，具有代表性，能够较客观和真实地反映地下水脆弱性的影响因素。选取的指标既要能反映地下水脆弱性的现状，也要能反映地下水脆弱性的发展趋势，应注重选择一些反映变化、趋势的指标(如土地利用)，实现静态的现状和动态的进展相结合。

(2)系统性原则。所选取的各指标应相互联系，相互补充，充分揭示各影响因素与地下水脆弱性规律之间的内在联系。

(3)评价指标个数适中原则。所选指标不宜过多，以免增加不必要的工作量；但指标过少，无法全面反映地下水的脆弱性。指标体系并非越庞大越好，指标也并非越多越好，要充分考虑到指标的可量化性及数据的可靠性，注意选择有代表性的综合性指标和主要指标。指标太多，也会冲淡主要指标的影响作用。指标经过加工和处理，必须简单、明了、明确，容易被人所理解，并具有较强的可比性、可测性。将需要与可能、理论与实际结合起来，使所选指标达到科学合理、简单实用的高度统一。

(4)易获得性原则。指标的设置应充分考虑数据容易获取，所选指标尽量能在以往传统地下水资源调查成果图件(如地下水埋深分区图、包气带岩性图)或现代地下水资源调查成果图件(遥感解译获得的土地利用现状图)中获得，以保证数据的准确性并能及时更新，使评价过程客观可靠。就流域尺度而言，土壤介质和含水介质类型这两项指标不易获得。

(5)相对独立性原则。选取指标必须明确含义，各指标含义不重叠。在较多备选指标的初选及其后的复选中，相关性考察和独立性分析都是进行指标筛选的重要手段。可根据典型地段获得的地下水脆弱性与相关指标的同步数据，计算各指标之间的相关系数，以各指标间的总体平均相关系数为标准，将相关性低的指标作为独立性指标，相关性高的指标作为相关性指标。再以尽量剔除相关性指标中重叠因素和追求指标的独立性为原则，对相关性指标进行合并，合并中优先保留同其他独立性指标重叠少且要素综合性强的指标。

(6)特殊性原则。由于不同的地区，水文地质条件、环境条件和水文地质勘察程度存在差异，因此指标体系应该突出地域特征，因地域不同而不同。我国水文地质条件有其地域特色，有别于国外的水文地质条件，照搬国外的评价指标是不可行的。在美国等发达国家，有比较完善的基础数据库系统，比较容易获得地下水脆弱性评价有关参数的相关资料和数据，而在我国许多地区，并不具备这样的条件。

(7)易理解性原则。各指标评分及综合得分宜采用十分制或百分制,以便于决策者和公众等非专业人士理解。

(二)指标体系

地下水脆弱性评价指标体系包括自然因素指标和人为因素指标。自然因素指标包括地形地貌、地质及水文地质条件。人为因素指标主要指可能引起地下水环境污染的各种行为因子。国内外选用的一些评价指标见表2-1。

表2-1　地下水脆弱性评价所选的指标参数

<table>
<tr><td rowspan="2">指标</td><td colspan="7">固有脆弱性</td><td>特殊脆弱性</td></tr>
<tr><td colspan="4">主要因素</td><td colspan="3">次要因素</td><td rowspan="3">①自然因素:土壤－包气带－含水层系统的纳污能力
②人为因素:土地利用状况、人口密度、污染物排放方式和强度</td></tr>
<tr><td rowspan="2">主要参数</td><td>土壤</td><td>包气带</td><td>含水层</td><td>补给</td><td>地形</td><td>下伏地层</td><td>与地表水、海水联系</td></tr>
<tr><td>成分、结构、厚度、有机质含量、黏土含量、透水性</td><td>厚度、岩性、水运移时间</td><td>岩性、孔隙度、导水系数、水流向、水年龄和滞留时间</td><td>净补给量、年降水量</td><td>地面坡度</td><td>透水性、结构和构造、补排潜力</td><td>河流补排、岸边补给潜力、滨海区咸淡水界面</td></tr>
<tr><td>次要参数</td><td>阳离子交换能力、吸附和解吸能力、土壤含水率、根系吸收的水分、氮转化反应</td><td>风化速率、渗透性</td><td>容水度、隔水性</td><td>蒸发、蒸腾、空气湿度</td><td>植物覆盖程度</td><td></td><td></td><td>污染物在含水层滞留时间、污染物半衰期、吸附容量、人工补给和排泄量</td></tr>
</table>

注:引自姜桂华,2002。

1. DRASTIC模型指标体系的分析

美国环境保护署提出的DRASTIC模型是目前国内外广泛使用的地下水脆弱性评价模型之一,国内众多的迭置指数评价模型都是在该模型的基础上改进的。DRASTIC选择了地下水埋深 D、净补给量 R、含水层介质 A、土壤类型 S、地形 T、包气带影响 I 以及含水层水力传导系数 C 等7个参数为评价因子。

(1)就净补给量而言,补给量越大地下水污染潜势就越大这一看法比较片面。当补给量足够大以致使污染物被稀释时,地下水污染的潜势不再增大而是减小。DRASTIC方法对净补给的评分没有反映污染物稀释这一因素。例如,对于珠江三角洲地区而言,河网水系发育,在丰水期和涨潮期河水侧向补给地下水,而这些主干河流的水质往往好于附近的地下水水质。所以,补给量越大,地下水污染的潜势就越大这一推论不适合用于评价珠江三角洲地区的地下水防污性能(黄冠星等,2008)。

(2)包气带是指潜水位以上的非饱水带,它应该包括土壤层。如果采用DRASTIC模型中的土壤介质类别和包气带影响这两个因子就显得有所重叠,同时土壤介质类别这一指标较难获得且不易量化，应该把这两个因子合并成一个指标（如包气带岩性）用于评价地下水的脆弱性才比较合理。

（3）对于含水层介质和含水层水力传导系数这两个因子来说，是两个重复的因子。它主要影响污染物在含水层迁移的难易程度，并不影响污染物从地表进入地下水的难易程度（钟佐燊，2005）。

2. 国内提出的指标体系

国内研究人员结合具体研究区的特定条件，提出了指标个数为 3 ~ 11 个不等的众多的指标体系（见表 1-4）。本书认为，宜在单独进行地下水水质脆弱性评价和地下水水量脆弱性评价的基础上，再进行地下水脆弱性评价（根据不同地区，分别对地下水水质脆弱性指数和地下水水量脆弱性指数赋权重），这样地下水脆弱性评价成果的实用性会更高。相应地，应分别建立地下水水质脆弱性和地下水水量脆弱性评价指标体系，其指标个数以 4 个为宜。

（三）分级标准

目前，国内外将地下水脆弱性指标及评价结果划分 3 ~ 10 级。从可操作性、易理解性等原则考虑，地下水脆弱性指标及评价结果划分 5 级是合适的，即：很高（或极高）脆弱性、高脆弱性、中等脆弱性、低脆弱性和很低（或极低）脆弱性。

第三节　地下水脆弱性评价指标权重的确定方法

评价因子的相对权重反映了各个参数在地下水脆弱性中的“贡献”大小，权重越大，表明该因子对地下水脆弱性的相对影响越大。评价因子权重的分配，直接影响到评价结果的合理性，是地下水脆弱性评价中的关键技术。目前，采用的权重确定方法有专家赋分法、主成分 - 因子分析法、层次分析法、灰色关联度法、神经网络法、熵权法、试算法等。

一、专家赋分法

美国环境保护署 1987 年提出的 DRASTIC 指标法给出的因子权重见表 2-2。

表 2-2　DRASTIC 指标法给出的因子权重

因子	权值		因子	权值	
	所有污染物	农药类污染物		所有污染物	农药类污染物
地下水埋深 D	5	5	地形 T	1	3
净补给量 R	4	4	包气带影响 I	5	4
含水层介质 A	3	3	含水层水力传导系数 C	3	2
土壤类型 S	2	5			

林山杉等（2000）根据松嫩盆地各影响因素对地下水脆弱性的影响与作用的不同和专家个人经验给出权重，经过多次计算确定包气带厚度、包气带透水性、地下水补给强度

和地下水水力坡度的权重分别为 0.3、0.4、0.2 和 0.1。

二、主成分 - 因子分析法

联合应用多元统计分析中的主成分分析和因子分析方法,孙丰英等(2006)确定滹滏平原地下水埋深、降雨灌溉入渗补给量、土壤有机质含量、含水层累计砂层厚、地下水开采量和含水层渗透系数 6 个评价指标的权重分别为 4、5、4、5、7 和 3。姚文锋等(2009)确定海河流域平原区地表土壤类型、土壤有机质含量、地下水埋深、含水层岩性、含水层富水程度、降雨入渗补给模数和地下水开采系数的权重分别为 2、2、5、3、3、4 和 4。

三、层次分析法(AHP 法)

层次分析法(the Analytic Hierarchy Process,AHP)是美国 Satty(1973)提出的,此法运用系统的观点将研究问题系统化和模型化,是系统工程中对非定量事件作定量分析的一种简便方法,适合应用在地下水脆弱性评价这类相互联系、相互制约的多因素复杂问题。其主要特征是合理地将定性与定量的决策结合起来,按照思维、心理的规律把决策过程层次化、数量化。其优点是,在计算同一层次所有元素对于最高层相对重要性的排序权值时,可以通过一致性比率 CR 来检验和修正,如不满足,可以重新调整判断矩阵,直至满意,减少了完全依靠专家评分的盲目性、随意性,避免了其他评价方法中专家仅凭经验进行赋值而造成的偏差。在地下水脆弱性评价指标中,以 DRASTIC 为例,7 项评价指标中,D、R、T、C 指标为定量型指标;A、I 指标为定性型指标,属于典型的定性与定量相结合的问题。因此,可以运用层次分析法对这样一个多准则评价体系进行统一处理。

AHP 法将地下水脆弱性问题分解成三个层次。最上层为目标层,这一层次中只有一个元素,就是地下水脆弱性;中间层是因素层,这一层次包含为评价地下水脆弱性所涉及的因素;最下层是指标层,这一层次是指对因素层中每个因素所选择的指标,这些指标能够显著体现因素对地下水脆弱性的贡献(杨维等,2007a)。

传统的 AHP 法采用九标度法,左军(1988)提出用“重要”、“同样重要”及“不重要”的三标度法来判断同一层次各因素的相对重要程度,符合人们头脑中的实际标度系统。三标度的直接比较矩阵 $B=(b_{ij})_{n\times m}$ 为

$$b_{ij}=\begin{cases}2 & \text{因素 } i \text{ 比因素 } j \text{ 重要}\\ 1 & \text{因素 } i \text{ 和因素 } j \text{ 同样重要}\\ 0 & \text{因素 } i \text{ 没有因素 } j \text{ 重要}\end{cases}$$

三标度法确定 DRASTIC 模型指标权重的计算步骤(左海凤等,2008)如下。

(一)构建地下水脆弱性评价指标体系

依据 DRSTIC 模型及《地下水污染调查评价规范》(中国地质调查局,2004)制定的等级分量标准,可将地下水脆弱性评价指标体系划分为由目标层、准则层、决策层组成的三级层次结构(见图 2-2),其中目标层包含 1 项元素,准则层包含 7 项元素,决策层包含 52 项元素。

(二)单层次判断矩阵的建立及一致性检验

按照上述三标度法的基本步骤,分别针对准则层的某因素,对决策层各因素两两比

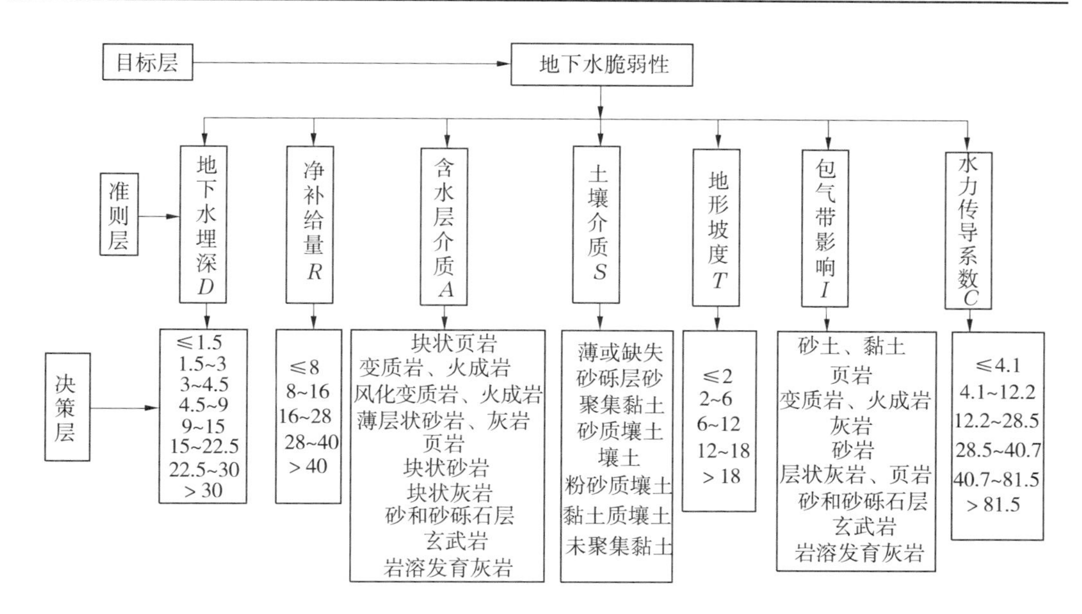

图 2-2　地下水脆弱性评价指标体系

较，获得直接判断矩阵及间接判断矩阵，计算出决策层各评价因子的权重值及判断矩阵的最大特征值 λ_{max}、一致性指标 CI 和平均一致性指标 RI，最后求出随机一致性比值 CR，具体计算过程通过 Matlab 编程实现。一般情况下，当 $CR \leq 0.1$ 时，认为判断矩阵具有满意一致性；当 $CR > 0.1$ 时，认为判断矩阵一致性偏差太大，需要重新调整判断矩阵，直到满足 $CR \leq 0.1$ 为止。

（三）层次总排序及一致性检验

在获得层次单排序具有满意一致性的基础上，同理计算得出 52 项决策层对目标层的层次总排序，各评价因子权重统计及一致性检验成果见表 2-3。

表 2-3　层次总排序各评价指标权重统计及一致性检验成果（左海凤等，2008）

评价因子	地下水埋深 D	净补给量 R	含水层介质 A	土壤介质 S	地形坡度 T	包气带影响 I	水力传导系数 C
权重	0.158	0.093 6	0.167 2	0.188 9	0.099 9	0.179 7	0.112 5
说明	检验值 $\lambda_{max}=54$；$CI=0.06$；$RI=1.706\ 8$；$CR=0.035\ 2<0.1$						

姜桂华（2002）根据层次分析法求得关中盆地地层岩性、地层结构、水位埋深、包气带垂向渗透系数、含水层导水系数、地下水补给模数、矿化度、地貌等指标的权重分别为 0.18、0.06、0.26、0.12、0.05、0.03、0.18、0.12。

陈浩等（2006）采用 9 标度的层次分析法，确定了栾城县污灌区地下水脆弱性评价指标地下水位埋深 D、净补给量 R、含水层介质 A、土壤类型 S、包气带岩性 I、含水层导水系数 C 和污水灌溉 P 的权重分别为 5、3、2、5、3、1 和 3。

刘卫林等（2007）根据层次分析法，计算得宁陵县一级评价指标土壤介质、包气带介质、含水层介质、水力坡度、补给强度、地面坡度、污染源、矿化度和地下水降深的权重分别为0.076、0.318、0.160、0.036、0.160、0.018、0.160、0.032、0.040。

杨维等(2007b)依据AHP法获得评价指标包气带厚度、包气带介质、含水层介质、含水层渗透系数、土壤介质、补给强度、地形坡度的权重分别为0.256 406、0.256 406、0.064 487、0.064 487、0.063 376、0.261 502、0.033 335。

李绍飞等(2008)采用三标度两步AHP法确定的权重值见表2-4。

表2-4 三标度两步AHP法确定的权重值(李绍飞等,2008)

评价指标		包气带厚度 D	补给强度 R	含水层介质 A	土壤介质 S	地形坡度 T	包气带介质 I	水力传导系数 C
权重	正常	0.349 1	0.148 3	0.057 7	0.023 8	0.014 3	0.349 1	0.057 7
	农药	0.353 7	0.107 6	0.031 5	0.353 7	0.031 5	0.107 6	0.014 4

四、灰色关联度法

严明疆等(2005)和严明疆(2006)将灰色关联度法应用于确定评价指标的权重。其计算过程为:

设有 m 个与母因素(X_0)有一定关联作用的子因素($X_1,X_2,\cdots,X_m$),每个评价因子都有 N 个统计值,构成母序列和子序列:母序列$\{X_0(i)\}$,$i=1,2,\cdots,m$,子序列$\{X_k(i)\}$,$i=1,2,\cdots,m$,为了进行比较,将母序列和子序列进行标准化处理,使所有的值在0~1。

$$X_k^1(i) = \frac{X_k(i) - \min(X_k)}{\max(X_k) - \min(X_k)} \tag{2-1}$$

式中:$X_k^1(i)$为标准化后的值;$\max(X_k)$为第 k 子序列中的最大值;$\min(X_k)$为第 k 子序列中的最小值。

经过标准化后的数列无量纲,则第 k 条子线在某一点 t 与母线在该点的距离为

$$\Delta_{0k} = |X_0(t) - X_k(t)| \tag{2-2}$$

可用该距离衡量它们在 t 处的关联性,Δ_{0k}愈小,子线与母线在 t 处的关联性愈好,母、子序列在 $t=1$ 到 $t=N$ 的关联性用关联系数表示

$$\xi_{0k}(i) = \frac{\Delta_{\min} + \xi\Delta_{\max}}{\Delta_{0k}(i) + \xi\Delta_{\max}} \tag{2-3}$$

式中:$\xi_{0k}(i)$为第 k 条子线与母线 X_0 在 i 点的关联系数,其值满足$0\leqslant\xi_{0k}\leqslant1$,$\xi_{0k}$愈接近1,它们的关联性越好;$\Delta_{\max}$、$\Delta_{\min}$分别为 m 条子线在区间$[1,N]$母线的距离 $\Delta_{0k}(i)$的最大值与最小值;ξ 为分辨系数,一般取0.5。

于是有第 k 子线与母线在$[1,N]$间的关联度为

$$r_{0k} = \frac{1}{N}\sum_{i=1}^{N}\xi_{0k}(i) \tag{2-4}$$

采用下式使关联度之和为"1",对关联度进行标准化,标准化后的关联度即可作为每个评价指标的权重。

$$r'_{0k} = \frac{r_{0k}}{\sum_{k=1}^{m} r_{0k}} \tag{2-5}$$

严明疆等(2005)在进行石家庄市地下水脆弱性评价时,将地下水矿化度作为母序列,各评价指标作为子序列,求得各指标与矿化度的关联度即为各指标的权重,即开采模数0.61、砂层厚度0.60、导水系数0.54、降雨补给量0.63、水位埋深0.57和包气带岩性0.58。

五、神经网络法

严明疆等(2008,2009)采用灰色关联度法与BP神经网络法确定滹滏平原的地下水脆弱性评价指标权重(见表2-5)。两种方法确定的权重经过标准化后,各指标权重排列顺序一致,通过对两种方法确定的权重的均方差和总体平均误差统计分析,均方差和总体平均误差分别是0.000 05和2.9%。说明通过灰色关联度和BP神经网络法确定的权重具有合理性,可以用于地下水脆弱性综合指数的计算。

表2-5　滹滏平原地下水脆弱性评价指标权重

评价指标	灰色关联度		BP神经网络标准化值	平均权重
	计算值	标准化值		
含水层砂层厚度	0.595	0.200	0.172	0.186 0
降水补给量	0.634	0.213	0.222	0.217 5
地下水埋深	0.551	0.185	0.194	0.189 5
含水层水力传导系数	0.547	0.184	0.182	0.183 0
包气带岩性	0.651	0.218	0.230	0.224 0

六、熵权法

熵权法(刘仁涛,2007)是根据熵的概念和性质,把多目标决策评价各待选方案的固有信息和决策者的经验判断的主观信息进行量化和综合,进而建立基于熵的多目标决策评价模型,为多目标决策提供依据。在熵权法综合评价模型中,各项指标的权重由样本数据计算得到,消除了人为确定权重的主观误差。

刘仁涛等(2007)采用熵权法确定三江平原地下水脆弱性指标的权重分别为:地下水埋深D 0.142 7、净补给量R 0.143 0、土壤介质类型S 0.142 7、含水层水力传导系数C 0.143 2、土地利用率L 0.142 7和人口密度P 0.143 1。

张少坤等(2008)采用熵权法确定三江平原地下水脆弱性评价指标的权重分别为:地下水埋深D 0.142 7、含水层的净补给量R 0.143 1、含水层的介质类型A 0.142 7、土壤介质类型S 0.142 7、含水层水力传导系数C 0.143 2、土地利用率L 0.142 7和人口密度P 0.142 9。

七、试算法

邢立亭等(2007)为论证岩溶含水系统抗污染能力级别与实际条件的吻合程度,采用试算法确定评价因子的分级评分及权重,具体步骤如下:

第一步,网格剖分与特征值选择。首先,将计算区剖分为500 m×500 m网格,然后取得每一个网格点的地形坡度、地下水埋深、土壤类型、包气带介质、隔水顶板埋深、富水性、隔水层岩性与厚度、水力梯度、含水层介质、补给量、水力传导系数、入渗系数等指标的特征值。

第二步,给出各评价指标分级的初值。

第三步,计算评价指标值。各网格点的指标值按下式计算

$$D_i = \sum_{i=1}^{m} a_i \times b_i \tag{2-6}$$

式中:D_i 为网格点的计算指标值,$1 < D_i < 10$,划分5个级别($D_i \leq 2$、$2 < D_i \leq 4$、$4 < D_i \leq 6$、$6 < D_i \leq 8$、$D_i > 8$);a_i 为各评价因子的权重,$\sum_{i=1}^{m} a_i = 1$,$a_i > 0.01$;b_i 为各评价因子的评分,$1 \leq b_i \leq 10$;m 为评价指标个数。

第四步,确定因子的评分与权重。根据2001～2004年的枯水期与丰水期水化学分析资料,采用实测浓度与背景值对比法,计算每一年度的地下水污染程度,并划分为微污染区、轻度污染区、中等污染区、较重污染区和严重污染区5级。对比由步骤3计算所得 D_i 的分级与地下水污染程度分区的吻合情况。若二者不相吻合,那么返回步骤1,重新调整因子、评分值和权重值。通过多次反复调试计算获得评价因子的分级评分及权重。

最后确定的各指标权重分别为:地下水埋深 *D* 0.20、净补给量 *R* 0.15、土壤介质 *S* 0.20、地形 *T* 0.05、包气带岩性 *I* 0.25、富水性 *A* 0.15。

第四节　地下水脆弱性评价的方法

地下水脆弱性评价方法的选取应根据研究区的地下水状况、有关数据的数量与质量及研究目的来确定,所有脆弱性评价方法均应基于水文地质评价。目前,地下水脆弱性评价的主要方法有迭置指数法、过程模拟法、统计法和模糊数学法等。每种方法有各自的特点和侧重(见表1-3)。

一、迭置指数法

迭置指数法(Overlay and Index Methods)是通过选取的评价参数的分指数进行迭加形成一个反映脆弱程度的综合指数,再由综合指数进行评价。迭置指数法又分为水文地质背景法(Hydrogeologic Complex and Setting Methods)和参数系统法(Parametric System Methods)(Gogu等,2000)。

水文地质背景法是通过与研究区条件类似的已知脆弱性标准的地区进行比较,来确定研究区的脆弱性。这种方法需要建立多组地下水脆弱性标准模式,且多为定性或半定

量评价，一般适用于地质、水文地质条件比较复杂的大区域。

参数系统法是目前应用最广泛的地下水脆弱性评价方法。首先将选择的评价参数建立一个参数系统，每个参数均有一定的取值范围，取值范围可分成几个区间，每一区间给出相应的评分值（即参数等级评分标准）；然后把各参数的实际资料与此标准进行比较赋分，最后根据参数所得的赋分值叠加求得综合指数。参数系统法又包括矩阵系统（Matrix Systems - MS）、标定系统（Rating Systems - RS）和计点系统模型（Point Count System Models - PCSM）3 种方法。MS 方法是以定性方式对研究区各单元的脆弱性进行评价，RS 和 PCSM 方法则是以定量（数值化）方式进行评价。RS 方法的综合指数是由各参数的评分值直接相加而得的，常见的评价模型有 GOD、AVI 和 ISIS；PCSM 方法的综合指数是由各参数的评分值和各自赋权的乘积叠加得出的，又叫权重 - 评分法，常见的评价模型有 DRASTIC、SINTACS、SEPPAGE 和 EPIK 等。

国外在参数系统法方面起步较早，并得到广泛的应用。Foster（1987）提出了含水层脆弱性评价的 GOD 易污性指标法；Adams 等（1992）应用参数系统法研究了包气带对地下水的保护作用，并根据上覆地层的渗透性和水位埋深将地下水脆弱性划分为三个等级；Aller 等（1987）提出的 DRASTIC 指标体系法，先后被成功地应用于美国 Columbia、Wyoming 等多个县市的地下水脆弱性评价工作中，并被加拿大、南非、欧共体等采用；Todd 等（2000）应用改进的 DRASTIC 方法对美国中部 Texas 地区的 Paluxy 含水层的脆弱性进行了评价；随着农业污染日益加重，考虑农业活动的农药 DRASTIC 标准被提出，在农药 DRASTIC 标准的基础上，Cvita 提出了 SINTACS 评价模型，使地下水脆弱性评价又向前迈进了一大步（徐慧珍，2007）；世界银行于 2002 年出版了地下水质量保护用户指南，系统地介绍了地下水脆弱性评价（冶雪艳，2006）。

国内关于地下水脆弱性的研究始于 20 世纪 90 年代中期，研究最多、应用最广泛的是 DRASTIC 模型及改进的 DRASTIC 模型。刘淑芬等（1995）根据地下水埋深、包气带黏土厚度及含水层厚度，对河北平原的地下水防污能力进行了评价。徐芳香等（1999）参照美国 Nolan 等的地下水可能受污染的风险分类方法对我国地下水中硝酸盐污染区地下水进行风险分类。1996 年欧盟与中国合作首次将 DRASTIC 方法引进中国，随后国内学者应用 DRASTIC 作了大量的研究。杨庆等（1999a）探讨了 DRASTIC 指标体系，并在大连市地下水防污性能评价中进行应用（杨庆等，1999b）。蔡树英等（1997）对地下水污染风险进行了初步研究，利用改进的一次二阶矩阵方法和 Monte - Carlo 方法对于无吸附和有吸附溶质地下水污染的风险概率进行了预测计算。付素蓉等（2000）对 DRASTIC 模型进行了改进，提出了适合我国南方地区实际情况的城市地下水防污性能评价体系——DRAMIC 模型。朱雪芹（2001）应用 DRASTIC 方法开展了哈尔滨地下水的易污染评价。王焰新等（2002）将 DRAMIC 模型成功地应用于武汉市区地下水有机污染的敏感性评价，同时在山西大同也进行了应用（王焰新等，2004）。钟佐燊（2005）对 DRASTIC 模型进行改进，提出了评价潜水防污性能的 DRTA 模型（即地下水埋深、包气带介质、包气带厚度和含水层厚度）和评价承压水防污性能的 DLCT 模型（即承压含水层埋深、隔水层岩性、隔水层的连续性和隔水层厚度）；董亮等（2002 年）以地理信息系统（Blackland GRASS 软件）为基础平台，建立了西湖流域基础和专题数据库，结合 DRASTIC 模型，计算出流域内地下水污染风险，对照流域的土地利用现状，提出流域内的污染优先控制区。雷静等(2003)根据研究区具体情况，选择了地下水埋深、降雨灌溉入渗补给量、土壤有机质含量、含水层累计砂厚度、地下水开采量和含水层渗透系数6个评价因子，通过数值模拟、主因子分析和GIS技术，应用改进的DRASTIC方法对唐山市平原区地下水脆弱性进行评价研究。邹胜章等(2005)从地下水脆弱性的胁迫－应变关系出发，通过对西南岩溶区表层岩溶带发育机理和脆弱性特征的分析，提出了以表层岩溶带发育强度、保护性盖层厚度、补给类型、岩溶网络系统发育程度、土壤类型、植被条件、土地利用程度以及地下水开采程度8个胁迫参数(EPIKSVLG)作为对表层岩溶带水脆弱性进行定量评价的指标，初步建立了表层岩溶带水防污性能评价的指标体系。

(一)DRASTIC评价方法

钟佐燊(2005)认为，在国内介绍DRASTIC模型的文献中，都没有详细交代DRASTIC模型各因子的具体含义、选择原则和设计思路，甚至有错误或不准确之处。钟佐燊(2005)根据原文献(Aller，1985)，对DRASTIC模型做了详细的介绍。

1. 各类因子的描述

(1)地下水埋深 *D*。地下水埋深是指地表至潜水位的深度或地表至承压含水层顶部(即隔水层顶板底部)的深度，它是一个很重要的因子。因为它决定污染物到达含水层前要迁移的深度，它有助于确定污染物与周围介质接触的时间。一般来说，地下水埋深越大，污染物迁移的时间越长，污染物衰减的机会越多。此外，地下水埋深越大，污染物受空气中氧的氧化机会也越多。

(2)净补给量 *R*。补给水使污染物垂直迁移至潜水并在含水层中水平迁移，并控制着污染物在包气带和含水层中的弥散与稀释。在潜水含水层地区，垂直补给快，比承压含水层易受污染；在承压含水层地区，由于隔水层渗透性差，污染物迁移滞后，对承压含水层的污染起到一定的保护作用。承压含水层在向上补给潜水含水层地区时受污染的机会极少。补给水是淋滤、传输固体和液体污染物的主要载体，入渗水越多，由补给水带给潜水含水层的污染物越多。补给水量足够大而引起污染物稀释时，污染可能性不再增加而是降低，但在净补给量的评分上并没有反映稀释因素。此外，净补给量中包括灌溉补给的来源。

(3)含水层介质 *A*。含水层介质既控制污染物渗流途径和渗流长度，也控制污染物衰减作用(像吸附、各种反应和弥散等)可利用的时间及污染物与含水层介质接触的有效面积。污染物渗透途径和渗流长度受含水层介质性质的影响。一般来说，含水层中介质颗粒越大、裂隙或溶隙越多，渗透性越好，污染物的衰减能力越低，脆弱性越高。

(4)土壤介质 *S*。土壤介质是指包气带顶部具有生物活动特征的部分，它明显影响渗入地下的补给量，所以也明显影响污染物垂直进入包气带的能力。在土壤带很厚的地方，入渗、生物降解、吸附和挥发等污染物衰减作用十分明显。一般来说，土壤脆弱性明显受土壤中的黏土类型、黏土胀缩性和颗粒大小的影响，黏土胀缩性小、颗粒小的，脆弱性低。此外，有机质也可能是一个重要因素。

(5)地形坡度 *T*。地形坡度有助于控制污染物是产生地表径流还是渗入地下，在施用杀虫剂和除草剂而使污染物易于积累地区，地形坡度因素特别重要。地形坡度 $<2\%$ 的地区，因为不会产生地表径流，污染物入渗的机会多；相反，地形坡度 $>18\%$ 的地区，地表径流大，入渗小，地下水受污染的可能性也小。

(6)包气带影响 I。包气带指的是潜水位以上非饱水带，这个严格的定义可用于所有的潜水含水层。但在评价承压含水层时，包气带影响既包括以上所述的包气带，也包括承压含水层以上的饱水带。承压水的隔水层是包气带中影响最大的介质。包气带介质的类型决定着土壤层以下、水位以上地段内污染物衰减的性质。生物降解、中和、机械过滤、化学反应、挥发和弥散是包气带内可能发生的所有作用，生物降解和挥发通常随深度而降低。介质类型控制着渗透途径和渗流长度，并影响污染物衰减和与介质接触时间。

(7)水力传导系数 C。在一定的水力梯度下水力传导系数控制着地下水的流速，同时也控制着污染物离开污染源场地的速度。水力传导系数受含水层中的粒间孔隙、裂隙、层间裂隙等所产生的空隙的数量和连通性控制。水力传导系数越高，脆弱性越高，因为污染物能快速离开污染源进入含水层。

DRASTIC 各因子的类别及其评分标准见表 2-6。

2. 应用 DRASTIC 模型的有关问题

1)如何选择 D、R、T、C 因子的评分区间

当收集到与 D、R、T、C 因子的有关数据后，选择哪个评分区间进行评分，这是一个必须认真考虑的问题。处理此问题的基本原则是：选择与实际数据最接近的评分区间。例如，$R=203.2$ mm，参看表 2-6，有 101.6 ~ 177.8 mm 和 177.8 ~ 254 mm 两个评分区间与 203.2 mm 接近，它们的评分值分别为 6 和 8，与 203.2 mm 最接近的应是 101.6 ~ 177.8 mm 评分区间，故选此区间进行评分，评分值为 6；$T=2\%$，参看表 2-6，有 0 ~ 2% 和 2% ~ 6% 两个评分区间与 2% 接近，它们的评分值分别为 10 和 9，与 2% 最接近的应是 0 ~ 2% 评分区间，故选此区间进行评分，评分值为 10。

2)如何选择 A、I 因子中介质的评分值

A、I 两个因子的每类介质都有一个分值范围和一个典型分值，选择哪个分值，这也是一个必须认真考虑的问题。处理此问题的基本原则是：根据介质裂隙发育程度及颗粒级配进行选择。例如，含水层介质为玄武岩，据表 2-6，该介质评分值为 2 ~ 10，如评价地区的玄武岩裂隙连通性很好，则评分选为 10。

3)如何评价承压含水层

应用 DRASTIC 模型评价承压含水层问题时，各因子如何评分作如下考虑：D 因子按承压含水层隔水层顶板深度评分；A 和 C 因子按表 2-6 所列评分；R 和 S 因子的评分随承压含水层的封闭性而变，如封闭性很好，其评分均为 1；I 因子主要受隔水层影响，按粉土/黏土介质处理，评分为 1。

3. DRASTIC 模型的一些缺陷

尽管美国环境保护署提出的 DRASTIC 模型在世界各地应用最广泛，但仍然有许多缺陷，不应盲目照搬(姜志群等，2001；钟佐燊，2005；庞君等，2006；范琦等，2007；李绍飞等，2008)。其缺陷如下。

(1)尽管在应用 DRASTIC 模型对承压含水层进行评分时作了一些补充说明，但潜水和承压水仍然是差别很大的两类含水层，其脆弱性的影响因子也不同，把这两类含水层放在一起，用同一种模型来评价是很不合适的。Vierhuff 曾提出分开评价这两类含水层的方法。

表 2-6　DRASTIC 各因子的类别及其评分(Aller,1985)

地下水埋深 D		净补给量 R		含水层介质 A		土壤介质 S		地形坡度 T		包气带介质影响 I		含水层水力传导系数 C	
埋深(m)	评分	净补给量(mm)	评分	介质	评分	介质	评分	坡度 T(%)	评分	介质	评分	C(m/d)	评分
0~1.5	10	0~50.8	1	块状页岩	1~3(2)	薄层或缺失	10	0~2	10	粉土/黏土	1~2(1)	0.04~4.1	1
1.5~4.6	9	50.8~101.6	3	变质岩、火成岩	2~5(3)	砾石	10	2~6	9	页岩	2~5(3)	4.1~12.2	2
4.6~9.1	7	101.6~177.8	6	风化的变质岩、火成岩	3~5(4)	砂	9	6~12	5	灰岩	2~7(6)	12.2~28.5	4
9.1~15.2	5	177.8~254	8	薄层状砂岩、灰岩、页岩	5~9(6)	胀缩性黏土	7	12~18	3	砂岩	4~8(6)	28.5~40.7	6
15.2~22.9	3	>254	9	块状砂岩	4~9(6)	砂质壤土	6	>18	1	层状的灰岩、砂岩、页岩	4~8(6)	40.7~81.5	8
22.9~30.5	2			块状灰岩	4~9(6)	壤土	5			含较多粉粒和黏粒的砂砾石	4~8(6)	>81.5	10
>30.5	1			砂砾石	6~9(8)	粉质壤土	4			变质岩、火成岩	2~8(4)		
				玄武岩	2~10(9)	粉质壤土	3			砂砾石	6~9(8)		
				岩溶发育灰岩	9~10(10)	非胀缩性黏土	1			玄武岩	2~10(9)		
										岩溶发育灰岩	8~10(10)		

注:表中括号内的数字为典型评分值。

(2)补给量和含水层渗透系数越大,地下水污染的可能性越大的看法片面。补给量足够大的稀释作用及渗透系数大使水交替加快的稀释作用未予考虑,这是 DRASTIC 模型的不足。对于河道水及渠系水水质较好的地区,河道水及渠系水入渗补给量并不增加地下水脆弱性,相反可能在一定程度上降低了河道及渠系两侧地区地下水的脆弱性,显然将这部分入渗补给量纳入对地下水脆弱性有影响的净补给量是不合适的。

(3)在有资料可利用的条件下,把土壤介质和包气带介质分开是可取的,但土壤介质权重为2,包气带介质权重为5,后者的权重明显大于前者,不合理。因为土壤不仅含有较大比例的细粒物质,而且有机质含量高,有大量细菌,因此其吸附容量和降解有机污染物的能力都大于包气带介质。

(4)包气带介质考虑不全面。第一,包气带常常由多种介质组成,以哪种介质评分,没有明确规定;第二,对松散沉积物包气带岩性考虑不周全,仅列入粉土/黏土,其他岩性或岩性组合没有列入;第三,如以包气带中某种介质评分,还必须考虑其厚度,该模型没有考虑。

(5)含水层渗透系数设计不合理,渗透系数 0.04 ~ 0.1 m/d 的介质一般是黏性土,黏性土极少成为含水层。

(6)缺乏足够的灵活性以适应特殊的需要,各个影响因素被综合到最后的 DRASTIC 指标,有时控制地下水污染的关键因素可能被许多次要因素所掩盖。所以,使用 DRASTIC 系统时,应注意合理性分析,结合专家的经验,根据研究区域的水文地质条件精心地确定指标值,或采用试错法逐步对权重予以适当的调整,或增减必要的因素,以便考虑研究区域起关键作用的因素的影响。

(7)采用加权评分法掩盖了各评价因素指标值的连续变化对地下水脆弱性的影响。各指标的定额为离散值,同一级别内不同属性值被赋予相同的定额,因而忽略了指标本身连续变化这一客观事实。

(二)其他迭置指数法

1. 国外学者提出的其他迭置指数法

国外学者提出的其他迭置指数法见表 2-7。

表 2-7　国外学者提出的迭置指数法及其相对应的影响因素(Civita,2004)

方法	类型	基本参数												
					土壤特性									
参考代码和/或姓名		降雨量及化学成分	地表水及坡度变化率	河流及网络密度	厚度结构及矿物成分	有效湿度	渗透性	物理及化学特性	含水层与地表水联系	净补给量	包气带水文地质特征	地下水埋深	压力水头变化	含水层水文地质特征	含水层水力传导系数
Albinet 等(1970)	HCS								√		√	√		√	√
Olmer 等(1974)	HCS										√			√	
Fenge(1976)	RS				√					√	√	√	√	√	√

续表 2-7

方法	类型	基本参数													
参考代码和/或姓名		降雨量及化学成分	地表水及坡度变化率	河流及网络密度	土壤特性				含水层与地表水联系	净补给量	包气带水文地质特征	地下水埋深	压力水头变化	含水层水文地质特征	含水层水力传导系数
					厚度结构及矿物成分	有效湿度	渗透性	物理及化学特性							
Josopait 等(1976)	HCS									√	√	√		√	√
Viehuff 等(1980)	HCS										√	√		√	√
Zampetti (1983)	AR										√	√			
Villumsen 等(1983)	RS				√						√	√	√	√	√
Haertle′(1983)	MS										√	√			
Vrana (1984)	HCS	√			√						√			√	
Subirana 等 (1984)	HCS								√		√	√		√	√
Engelen (1985)	MS								√		√	√		√	
Zaporozec (edit,1985)	RS				√	√	√	√			√	√		√	
Breeuwsma 等 (1986)	HCS				√	√	√	√	√	√	√	√			√
Sotornikova 等 (1987)	RS						√					√	√		√
Ostry 等 (1987)	HCS				√			√				√		√	
Comm(1986)	MS				√							√		√	
Carter 等 (1987)	MS				√		√	√						√	
Marcolongo 等 (1987)	RS				√					√	√	√			
Marcolongo 等 (1987)	AR					√				√	√	√			
GOD/Foster (1987,1988)	RS										√	√		√	
Schmidt (1987)	RS				√				√		√	√			
Troyan 等 (1988)	PCS	√	√				√			√	√	√		√	
GNDCI BASIC/Civita(1990)	HCS									√		√	√	√	√
DRASTIC/Aller 等(1985)	PCS		√		√					√	√	√		√	√
SINTACS/Civita (1991)	PCS	√	√	√					√	√	√	√		√	√
ISIS/De Regibus(1994)	PCS		√		√					√	√	√		√	
SEEPAGE	RS		√		√	√	√	√			√	√		√	
AVI/ Stempvoort 等 (1993)	RS				√										√
EPIK/Doerfliger 等(1997)	PCS			√	√		√		√	√	√			√	

注:AR—类推关系;HCS—水文地质背景值法;MS—矩阵系统;PCS—计点系统;RS—分级系统。

1) Legrand 模型(Ibe 等,2001)

需要考虑 5 个因子(地下水埋深 D、包气带介质 S、渗透系数 C、水力坡度 G、固体废物排放场地的水平距离 H),防污性能指数 DI 的计算公式为 $DI = D + S + C + G + H$。DI 值越大，地下水防污性能越好；反之越差。此模型只适用于固体废物场地的评价，没有普遍意义（钟佐燊，2005）。

2）GOD 模型（Gogu 等，2000）

该模型仅选了 3 个影响因子：G 地下水类型（Groundwater Occurrence）、O 盖层岩性（Overlying Lithology）、D 水位埋深（Depth to Water Table）。评分范围为 0～1。各因子不设权值，DI 的计算公式为 $DI = G \times O \times D$。DI 值越高，地下水防污性能越差；反之越好。地下水防污性能分级：Ⅰ级，$DI < 0.1$，防污性能很好；Ⅱ级，$DI = 0.1 \sim 0.3$，防污性能好；Ⅲ级，$DI = 0.3 \sim 0.5$，防污性能中等；Ⅳ级，$DI = 0.5 \sim 0.7$，防污性能差；Ⅴ级，$DI = 0.7 \sim 1.0$，防污性能很差。此模型同时考虑潜水和承压水是可取的，但模型太简单，对含水层的分类不明确，对盖层岩性的复杂性也没有认真考虑，很难正确评价地下水的防污性能（钟佐燊，2005）。

3）SIGA 模型（Ibe 等，2001）

该模型选择土壤介质、包气带介质、地面坡度和含水层介质 4 个影响因子，比 DRASTIC 模型少 3 个因子，其评分值范围与 DRASTIC 模型完全相同。与 DRASTIC 模型不同的是评分值可按其设置的公式精确计算并绘成曲线，但公式中的参数一般很难准确取得（钟佐燊，2005）。

4）SINTACS 模型（Mejia 等，1990）

SINTACS 法是 1990 年由意大利 Civita 等通过国家研究委员会水文地质灾害防治组提出的，是在 DRASTIC 法的基础上，结合意大利的水文地质条件，对其评分进行修正后的一种方法，对较小区域的地下水脆弱性评价更为适用。SINTACS 是意大利语对应于 DRASTIC 法中 7 项参数的第一个字母的缩写。该模型中考虑了以下 7 个参数：地下水埋深 S、地下水净补给量 I、包气带稀释能力 N、土壤介质类型 T、含水层特征 A、水力传导系数 C 和地形坡度 S。因子的权重值根据评价地区的水文地质条件不同采用不同的数值。通常，对裂隙含水层，其脆弱性指标值为 $P_{\text{SINTACS}} = 5S + 5I + 5N + 5T + 2A + 2C + 2S$。

5）Vierhuff 法（钟佐燊，2005）。

德国学者 Vierhuff 早在 20 世纪 70 年代就提出了防污性能分类法，并编制了西德一些地区的地下水脆弱性图。该方法对潜水和承压水分别进行评价。潜水只考虑包气带岩性和包气带厚度两个因素，承压水也只考虑隔水层岩性和厚度两个因素。地下水防污性能共分 5 级。该模型同时考虑潜水和承压水是可取的，但没有采用常见的评分法，考虑的因子过于简单，包气带岩性太过简化，没有考虑包气带岩性的复杂性。此模型很难正确评价地下水的脆弱性。

6）AVI 方法（张保祥，2006）

该方法是 Van Stempvoort 等在 1993 年提出的含水层脆弱性指数评价法（Aquifer Vulnerability Index），它仅使用两个参数，即主要含水层上覆各岩层的厚度（d）及其垂向渗透系数（K）。垂向水力阻滞系数 $c = \sum_{i=1}^{m} d_i / K_i$，一般取 c 或 $\lg c$ 作为 AVI 指数。根据作出的垂向水力阻滞系数等值线进行 AVI 分带，用以确定地下水的脆弱性分区。

7）SI 法（毛媛媛等，2006）

SI 法是一种基于 DRASTIC 法的地下水脆弱性评价方法，包含 5 项水文地质参数，评

价指数计算公式为

$$P_{SI} = 0.186D + 0.212R + 0.259A + 0.121T + 0.222L \quad (2\text{-}7)$$

式中:D、R、A、T 与 *DRASTIC* 法中的定义相同;L 为土地利用情况。

前 4 项参数评分与 DRASTIC 法相同,但对每项 DRASTIC 法评分乘以因子 10;因子 L 的评分范围为 0 ~ 100。P_{SI}的最小值为 0,最大值为 100。

7) DASTI 法(Kabbour 等,2006)

该方法选定的指标为非饱和带厚度 D、饱水带厚度和岩性 A、土壤结构 S、地形 T、水力梯度 I。

8) 针对岩溶含水层脆弱性评价的迭置指数法

针对岩溶含水层的脆弱性评价,国外提出了以下方法:

(1)欧洲法(COP 法)(Daly 等,2002;Vias 等,2006)。COP 法是基于汇流 C(Concentration Flow)、上覆岩层 O(Overlying Layers)和降水 P(Precipitation)的评价体系。

COP 法是由 Malaga 大学的水文地质工作组 2001 ~ 2002 年提出的一种定性的、具有相对性的固有脆弱性评价方法。该方法考虑三个因子(径流大小 C、覆盖层 O、降雨 P),是欧洲评价地下水内在脆弱性的一种方法。O 因子考虑的是每一层的厚度、土壤性质、岩石性质、裂隙的发育程度及含水层中的限制性条件;C 因子考虑的是落水洞、地形坡度及植被状况;P 因子考虑的是年降雨量及降雨强度。它强调的是方法运用的灵活性,是能运用于不同的地区,在不同的数据、不同的时间和经济支持下都能实施的评价方法。到目前为止,该方法成功地应用于西班牙南部的两个试验场(王松等,2008)。

(2)EPKI 方法(Goldscheider,2005)。考虑到岩溶含水层的特定水文地质条件,以概念模型为基础,该模型包括以下 4 种岩溶区水文地质影响因素:表生岩溶带 E、上覆表土层 P、入渗条件 I 及岩溶网络发育情况 K。

该方法提供了参数评分与权重取值体系。由于水文地质条件、地质条件等存在局部差异,每个因素在不同区段对污染物敏感性的贡献大小也有差异,因此必须把每个指标分成几个等级。为了体现各指标之间的相对重要性,给每个指标赋予一个权重值。

(3)PI 法(王松等,2008)。PI 法是欧洲法(COP 法)的演变,它考虑保护层因子 P 和径流因子 I。P 因子描述的是地表到地下水位的保护带性质(表土、土壤、非岩溶岩和非饱和岩溶岩);I 因子描述的是径流特征,着重考虑的是绕过高保护带以地表或地下侧向流的形式通过落水洞与漏斗快速补给岩溶地下水的情况。最后总的保护因子由 $\pi = P \times I$ 计算。

(4)VULK 法(Zwahlen,2004;王松等,2008)。VULK 是 Vulnerability 与 Karst 的缩写,由 Neuchatel 的水文地质中心(CHYN)开发的固有脆弱性评价方法。已知点(源)潜在污染物到达目标(源或者资源)的相关信息,计算出一个污染事件的污染物在理论上的运移时间、持续性及浓度。它也可以用来校正其他固有脆弱性评价方法得出的结果。该方法设地表某一点的稳定污染物是一个快速的释放过程,然后模拟每一子系统的穿透曲线。资源的脆弱性评价只考虑污染物穿过非饱和带(覆盖层)垂直运移的情况,源的脆弱性评价还要考虑潜在污染物在饱和带(岩溶含水层)的侧向运移。VULK 法只考虑水平流动和扩散,而延迟和衰减并未考虑其中。需要输入的数据有穿过每一子系统的流程长度、流速、分散度、稀释度。输出数据为污染物质的运移时间、浓度和持久性。VULK 法的主要目的是基于实际观测情况定量地刻画岩溶地下水的脆弱性，是一种较新的岩溶水脆弱性评价方法。但是在具体的应用过程中过多地简化一些实际条件，而且该方法所需要的数据在大尺度区域是很难得到满足的。因此，该方法有待进一步的改进。

(5)LEA 法(Daly 等，2002；王松等，2008)。局部欧洲法——LEA 法(Localised European Approach)是一种固有脆弱性填图方法，它考虑到覆盖层因子 *O* 和径流因子 *C*。该方法沿袭了 PI 法的诸多概念，但较之 PI 法简单，适用于数据量少的地区，不用数字指标，最后的脆弱性结果是一个定性的、相对的分级。该方法偏向于应用于资源的脆弱性评价，因此没有考虑 *K* 和 *P* 因子。该方法在轻微岩溶化的灰岩地区和强烈岩溶化的地区具有同样好的效果。该方法已经应用于 6 个试验场。

(6)OC 法(Nguyet 等，2006)。该方法适用于贫困边远的岩溶地区，仅考虑岩溶含水层上覆层 *O* 和岩溶水径流量 *C* 等两个因子。

2. 国内学者提出的迭置指数法

在经典的 DRASTIC 模型基础上，结合我国国情，针对不同地区的环境及地下水条件，国内众多学者提出了 30 余种迭置指数法，见表 1-4。以下仅对钟佐燊(2005)提出的方法作一简介。

1)潜水防污性能评价模型——DRTA 模型(钟佐燊，2005)

(1)设计思路及影响因子的选择。影响潜水污染的因子很多，在 DRASTIC 模型中的 7 个因子都不同程度地影响潜水的防污性能。但就实际情况而言，有些可以删去。补给量是大气降水入渗量和灌溉回归水量，很难取得评价点准确的数据。此外，补给量这个因子有两重性，补给量大可把更多的污染物带入地下水，同时它也会增强稀释能力，难以评分。在中国，很难取得土壤介质的详细资料，土壤实际上是包气带的一部分，所以与包气带介质合在一起更好。含水层介质和含水层渗透系数实际上是两个重复的因子，它主要影响污染物在含水层迁移的难易程度，并不影响污染物从地表进入地下水的难易程度；此外，它们也有两重性，介质颗粒粗或裂隙发育，对污染物的吸附能力差，污染物衰减能力也差，但渗透性好使水交替快，它会增加含水层的稀释能力，故难以评分。据此，补给量 *R*、土壤介质 *S*、含水层介质 *A* 和含水层渗透系数 *C* 宜删去。此外，含水层厚度的大小反映地下水稀释能力的强弱，应增加此因子。

综上所述，潜水防污性能评价宜选择以下 4 个影响因子：地下水埋深 *D*、包气带评分介质 *R*、包气带中评分介质厚度 *T*、含水层厚度 *A*。该模型称为 DRTA 模型。

(2)各类因子的描述。

地下水埋深 *D*：地下水埋深是对潜水防污性能影响最大的因子。埋深越大，污染物与介质接触的时间越长，污染物经历的各种反应(吸附、化学反应、生物降解等)越充分，衰减越显著，其防污性能也越好，反之则相反。

包气带评分介质 *R*：包气带介质也是对防污性能影响最明显的因子。包气带介质对防污性能的影响主要表现在其颗粒的粗细和裂隙发育程度上。如颗粒越细或裂隙越不发育，则污染物迁移慢，吸附容量大，污染物经历的各种反应(吸附、化学反应、生物降解等)充分，故其防污性能好，反之则相反。由于包气带常由多种介质组成，难以确定以哪种介质评分，此时，应选择防污性能最好且其厚度大于 1 m 的介质进行评分。介质防污性能从好到差的排序如下：黏土、淤泥→亚黏土→亚砂土、泥岩→粉土、泥质页岩→粉砂、页岩→火成岩、变质岩→粉粒和黏粒多的砂砾石、细砂、砂岩、风化的火成岩和变质岩→裂隙溶隙少的灰岩、中粗砂→粉粒和黏粒少的砂砾石→玄武岩→岩溶发育的灰岩。

包气带评分介质的厚度 T：防污性能除与包气带介质类型有关外，还与其参与评分介质的厚度密切相关，厚度越大防污性能越好。

含水层厚度 A：选择含水层厚度作为评价因子主要考虑其稀释能力。一般来说，其稀释能力主要取决于含水层的富水性、给水度和厚度，但很难取得可靠的富水性和给水度数据，所以用厚度来代替。厚度越大稀释能力越强，反之则相反。

(3)各因子的权重值。按因子对防污性能影响大小给予权重值，影响最大的权重值为5，最小的为1。具体分配为：地下水埋深 D,5；包气带评分介质 R,5；包气带中评分介质的厚度 T,1；含水层厚度 A,2。

(4)各因子的评分。各因子的评分范围均为1～10。防污性能越差分值越高，反之越低。DRTA 模型各因子的类别及评分详见表2-8。

表2-8　DRTA 模型各因子的类别及评分

埋深 D		包气带评分介质 R		包气带中介质的厚度 T		含水量厚度 A	
厚度(m)	评分	介质	评分	厚度(m)	评分	厚度(m)	评分
$D \leq 2$	10	岩溶发育的灰岩	9～10(10)	$1 < T \leq 1.5$	10	$A < 10$	10
$2 < D \leq 4$	9	玄武岩	2～10(8)	$1.5 < T \leq 2$	9	$10 < A \leq 15$	9
$4 < D \leq 6$	8	粉粒和黏粒少的砂砾石	6～9(8)	$2 < T \leq 2.5$	8	$15 < A \leq 20$	8
$6 < D \leq 8$	7	裂隙少的灰岩、中粗砂	4～8(6)	$2.5 < T \leq 3$	7	$20 < A \leq 25$	7
$8 < D \leq 10$	6	粉粒和黏粒多的砂砾石、细砂岩、风化的火成岩和变质岩	3～5(4)	$3 < T \leq 3.5$	6	$25 < A \leq 30$	6
$10 < D \leq 15$	5	火成岩、变质岩	2～5(3)	$3.5 < T \leq 4$	5	$30 < A \leq 35$	5
$15 < D \leq 20$	4	粉砂、页岩	2～4(3)	$4 < T \leq 4.5$	4	$35 < A \leq 40$	4
$20 < D \leq 25$	3	粉土、泥质页岩	2～4(3)	$4.5 < T \leq 5$	3	$40 < A \leq 45$	3
$25 < D \leq 30$	2	亚砂土、泥岩	2～3(2)	$5 < T \leq 5.5$	2	$45 < A \leq 50$	2
$D > 30$	1	亚黏土	1～3(2)	$T > 5.5$	1	$A > 50$	1
		黏土、淤泥	1～2(1)				

注：表中括号内数字为典型评分值。

(5)防污性能指数计算方法及防污性能分级。防污性能指数(DI)的计算公式为

$$DI = 5D + 5R + TR + 2A \tag{2-8}$$

式中：T、R、D、A 分别为各因子的评分值。

考虑到包气带评分介质的厚度 T 的评分不但与厚度有关，也与包气带评分介质 R 的类型有关，不同介质相同厚度给同一个分值是不合理的，如5 m的砂砾石和5 m的黏土给同一个分值是不合理的。因此，T 的评分值除乘以权重外还乘以 R 的评分值，即 $1 \times T \times R$。

DI 值的范围为 13 ~ 220。DI 值越高，防污性能越差；反之防污性能越好。防污性能共分 5 级：Ⅰ级，$DI < 70$，防污性能很好；Ⅱ级，$70 \leq DI < 90$，防污性能好；Ⅲ级，$90 \leq DI < 120$，防污性能中等；Ⅳ级，$120 \leq DI \leq 160$，防污性能差；Ⅴ级，$DI > 160$，防污性能很差。

2）承压水防污性能评价模型——DLCT 模型（钟佐燊，2005）

（1）设计思路及影响因子的选择。承压含水层一般不容易受污染，影响承压含水层防污性能的因子也相对比较简单。选择的影响因子有：承压含水层埋深 D，即该承压含水层隔水顶板埋深；隔水层岩性 L；隔水层的连续性 C；隔水层厚度 T。这个模型称为 DLCT 模型。选择这几个因子主要是考虑受污染潜水中的污染物向下迁移的难易程度，潜水的污染一般集中在上部，如果承压含水层埋深很大，就增加了污染潜水进入承压含水层的难度。隔水层岩性、隔水层的连续性和隔水层厚度这几个因子主要考虑污染潜水向下越流的问题，隔水层不连续，污染潜水很容易通过天窗越流进入承压含水层，隔水层颗粒较粗或厚度较小，污染潜水就比较容易通过层间越流进入承压含水层。

（2）各因子的权重值。按因子对防污性能影响大小给予权重，影响最大的权重值为 5，最小的为 1。具体分配如下：承压含水层埋深 D，5；隔水层岩性 L，4；隔水层的连续性 C，4；隔水层厚度 T，1。

（3）各因子的评分。各因子的评分范围均为 1 ~ 10。防污性能越好分值越低，反之越高。详见表 2-9。

表 2-9　DLCT 各因子的类别及评分

承压含水层埋深 D		隔水层岩性 L		隔水层的连续性 C		隔水层厚度 T	
埋深（m）	评分	岩性	评分	连续性	评分	厚度（m）	评分
$D < 40$	10	砂岩、页岩	10	不连续	10	$T < 2$	10
$40 \leq D < 60$	9	粉土、泥质页岩	9	连续	5	$2 \leq T < 4$	9
$60 \leq D < 80$	8	亚砂土、泥岩	8			$4 \leq T < 6$	8
$80 \leq D < 100$	7	亚黏土	7			$6 \leq T < 8$	7
$100 \leq D \leq 120$	6	黏土	6			$8 \leq T \leq 10$	6
$D > 120$	5					$T > 10$	5

（4）防污性能指数计算方法及防污性能分级。防污性能指数 DI 的计算公式为

$$DI = 5D + 4L + 4C + 1T \quad (2\text{-}9)$$

式中：D、L、C、T 分别为各因子的评分值。DI 值的范围为 100 ~ 190。DI 值越高，防污性能越差，反之防污性能越好。防污性能共分 3 级：Ⅰ级，$DI < 120$，防污性能很好；Ⅱ级，$120 \leq DI \leq 160$，防污性能好；Ⅲ级，$DI > 160$，防污性能中等。

二、过程模拟法

过程模拟法评价脆弱性可根据评价的需求选取不同的模型，如对流－弥散方程、化学反应模型等，典型的模型包括 SUTRA、LEACHP、GLEAMS、MODPATH 等。

对农药的防污性能评价一般用模拟模型，它主要是根据有关反应动力学方程来进行

研究(Schlosser 等,2002)。

时间 - 输入法(Kralik 等,2003)是一种基于欧洲法的评价地下水脆弱性的新方法,该方法尤其适用于山区。它的主要因子是水流从地表到地下的运移时间(占 60%)和降雨补给输入的量(占 40%)。研究者通过经验验证认为运移时间的作用略大于降雨补给的影响。该方法与其他评价方法不同的是:运移时间和补给量是实际的值,而不是量纲数值。这些时间值是由实际情况得出的,与其他方法相比具有一定的优势,而且评价结果的可靠性易于检验,评估过程更清楚(王松等,2008)。

Karimova(2003)利用有机氯农药在包气带中的迁移时间评价地下水脆弱性。Zektser 等(2004)利用综合考虑物理化学过程的方法评价地下水脆弱性。

Nobre 等(2007)对巴西某市沿海含水层进行了脆弱性评价,研究中利用 MODFLOW 和 MODPATH 模型刻画了水井捕获区,评估了地下水污染风险。

Hinkle 等(2009)结合粒子跟踪和地球化学数据,评价公共供水井对砷和铀的脆弱性。Neukum 等(2009)将地下水流数值模型应用于地下水脆弱性评价。

在国内,雷静(2002)和雷静等(2003)根据唐山市平原区的具体情况采用改进的 DRASTIC 模型,通过数值模拟和主成分 - 参数分析,对地下水脆弱性进行了评价。邢立亭等(2007)采用模块化三维有限差分地下水流动模型获得岩溶含水系统含水层补给量、水力传导系数、入渗系数等因子的定量化数据。张雪刚等(2009)采用 FEFLOW 地下水模型模拟获取了张集地区地下水脆弱性评价指标净补给量 R、地下水埋深 D、含水层渗透系数 C 的定量数据,并据此进行评分(见表 2-10)。张树军等(2009)根据抽水试验以及 Visual MODFLOW 数值模拟结果,得出山东省济宁市含水层给水度、地下水埋深和地下水运移速度空间分布图。

表 2-10　评价指标 D、R、C 的分类及评分(张雪刚等,2009)

地下水埋深 D		净补给量 R		含水层渗透系数 C	
范围(m)	评分	范围(mm)	评分	范围(m/d)	评分
0 ~ 1.5	10	0 ~ 51	10	0 ~ 4.1	1
1.5 ~ 4.6	9	51 ~ 102	9	4.1 ~ 12.2	2
4.6 ~ 9.1	7	102 ~ 178	5	12.2 ~ 28.5	4
9.1 ~ 15.2	5	178 ~ 254	3	28.5 ~ 40.7	6
15.2 ~ 22.9	3	> 254	1	40.7 ~ 81.5	8
22.9 ~ 30.5	2			> 81.5	10
> 30.5	1				

姚文锋等(2009)应用过程模拟模型 LEACHM 和 MODFLOW 与 Monte-Carlo 随机模拟相结合的方法评价唐山市平原区地下水脆弱性评价。在该实例中,地下水系统的脆弱性评价包括基于包气带过程模拟的地下水脆弱性评价、基于饱和带过程模拟的地下水脆弱性评价以及整个地下水系统的脆弱性评价三个部分。在包气带中,考虑到土壤质地空间

变异性及日降雨的时空变异性等特点，选择 Monte-Carlo 随机模拟结合过程模拟模型 LEACHM 进行包气带范围内的脆弱性评价。在饱和带中，采用三维数值模型 MODFLOW 结合 BP 神经网络的方式进行饱和带范围内的地下水脆弱性评价。最后将二者联合起来，完成整个地下水系统的脆弱性评价。评价过程中考虑地下水及污染物在包气带或饱和带中的迁移和转化等机理过程，进行污染物浓度分布等脆弱性评价控制性因素的计算，在此基础上进行地下水系统的脆弱性评价。利用该方法在一定程度上可以克服其他地下水脆弱性评价方法存在的不客观性。

三、统计法

Rupert(2001)利用 NO_3^- - N 和 NO_2^- - N 的观测资料，用统计法对 DRASTIC 方法的评价结果进行了校正。Tesoriero 等(1997)用逻辑回归分析法研究了 NO_3^- 污染地下水脆弱性。

以下重点介绍 LSD 统计学模型(钟佐燊,2005)。

Rupert(2001)用统计学模型对 DRASTIC 模型进行验证。结果表明:DRASTIC 模型对地下水氮污染的脆弱性的指示性很差。脆弱性很高地区的 $NO_3^- + NO_2^-$ 浓度的中值和平均值均低于脆弱性高的地区;脆弱性中等地区的 $NO_3^- + NO_2^-$ 浓度的平均值低于脆弱性低的地区;各类脆弱性地区的 $NO_3^- + NO_2^-$ 浓度没有明显差别。为此，他设计了 LSD 统计学模型。

设计思路:LSD 统计学模型是针对地下水对氮的脆弱性设计的。第一步是收集研究区地下水 $NO_3^- + NO_2^-$ 浓度资料，第二步是确定影响因子，第三步用统计学法分析各个影响因子在不同条件下地下水 $NO_3^- + NO_2^-$ 浓度的差异性，第四步是确定各个影响因子在不同条件下的评分值。

影响因子的确定:据该地区地下水 $NO_3^- + NO_2^-$ 的来源和氮污染情况，选择土地利用类型 *L*(Land Use)、土壤排水状况 *S*(Soil Drainage)、水位埋深 *D*(Depth to Water Table)等 3 个影响因子。故该模型称为 LSD 模型。

影响因子条件的设置及评分(见表 2-11):①数理统计结果表明，城镇与灌溉农田之间及城镇、灌溉农田与其他土地利用类型(放牧地、非灌溉农田、森林)之间的地下水 $NO_3^- + NO_2^-$ 浓度有明显差异，放牧地、非灌溉农田、森林之间的地下水 $NO_3^- + NO_2^-$ 浓度无明显差异，从而设计出表 2-11 中土地利用的评分。②数理统计结果表明，表 2-11 中的 4 种土壤排水状况的地下水 $NO_3^- + NO_2^-$ 浓度均有明显的差异，从而设计出表 2-11 中土壤排水状况的评分。③数理统计结果表明，埋深 0 ~ 30.5 m 和 30.5 ~ 91.4 m 及 91.4 ~ 182.9 m 和182.9 ~ 274.3 m 的地下水 $NO_3^- + NO_2^-$ 浓度没有明显差异，埋深 0 ~ 91.4 m 和 91.4 ~ 274.3 m 的地下水 $NO_3^- + NO_2^-$ 浓度有明显差异，从而设计出表 2-11 中地下水埋深的评分。

脆弱性指数计算方法和脆弱性分级:脆弱性指数按公式 $DI = L + S + D$ 计算，根据 DI 值把脆弱性分为 4 级:Ⅰ级，$DI = 4 \sim 5$，脆弱性低;Ⅱ级，$DI = 6$，脆弱性中等;Ⅲ级，$DI = 7$，脆弱性高;Ⅳ级，$DI = 8$，脆弱性很高。用已研究区地下水 $NO_3^- + NO_2^-$ 浓度对 LSD 模型脆弱性评价进行检验，结果发现，4 种等级的脆弱性地区的地下水 $NO_3^- + NO_2^-$ 浓度均有明显差异。这种模型对已知地区有效，能否推广到其他地区，仍需检验。

表 2-11 LSD 各因子的类别和评分(钟佐燊,2005)

土地利用类型 L		土壤排水状况 S		水位埋深 D	
利用类型	评分	排水状况	评分	埋深(m)	评分
城镇	3	很好	4	0 ~ 91.4	2
灌溉农田	2	好	3	91.4 ~ 274.3	1
放牧地	1	中等	2		
非灌溉农田	1	差	1		
森林	1				

四、模糊数学法

在地下水脆弱性评价中模糊数学法应用得也较普遍。模糊数学法是应用模糊变换原理和最大隶属度原则,考虑与地下水脆弱性相关的各个因素的综合影响,对受多个因素制约的地下水脆弱性作出综合评判。它是在确定评价参数、各参数的分级标准及参数权重的基础上,经过单参数模糊评判和模糊综合评判来划分地下水的脆弱性等级。由于地下水脆弱性的影响因素包括定性与定量、确定与不确定因素,所以用隶属度来刻画模糊界限的模糊综合评判法具有优势,具体表现在:考虑了评价指标的连续变化对地下水脆弱性的影响;既可以顾及评判对象的层次性,又可使评价标准和影响因素的模糊性得以体现,还可做到定性与定量因素相结合。

模糊综合评判数学模型的基本形式为

$$B = A \bigcirc R \tag{2-10}$$

式中:B 为评价结果;A 为模糊综合评判因素的权重向量;R 为各评价控制点不同因素对不同等级的隶属度;○为模糊复合运算关系。

隶属度 R 根据评价因素对应的各等级隶属函数求出。权重 A 根据各影响因素对地下水脆弱性的影响程度,并结合专家经验给出。

郭永海等(1996)用模糊数学法分析了地下水埋深、黏性土厚度和含水层厚度等三个参数对河北平原地下水脆弱性的影响。陈守煜等(1999,2002)将模糊数学概念引入到含水层脆弱性评价中,在 DRASTIC 模型的基础上将含水层脆弱性评价问题转化为多目标模糊优先问题,建立了模糊优先迭代评价模型。王国利等(2000)给出了 10 个级别 DRASTIC 的指标标准特征值和对含水层污染难易程度进行评价的 10 级语气算子,提出了确定含水层脆弱性评价指标权重的方法——语气算子比较法,从而形成了比较完整的含水层固有脆弱性模糊分析评价的理论、模型与方法。张立杰等(2001)应用模糊综合评判法对松嫩平原地下水脆弱性进行了评价与分区。姜桂华(2002)用模糊综合评判和模糊自组织迭代分析数据技术,研究了关中盆地地下水固有脆弱性和"三氮"污染的特殊脆弱性。李宝兰等(2009)采用 AHP 模糊综合评价模型评价辽宁省中南地区的地下水脆弱性。

五、其他方法

(一)神经网络模型(ANN)

ANN 是在现代神经科学研究成果的基础上,根据对人脑的组织结构、功能特征进行模仿而发展起来的一种新型信息处理系统和计算体系(陈守煜等,2000)。它属于高维非线性动力学系统范畴,可实现输入到输出之间的高度非线性映射,具有良好的自适应、自组织特征及较强的学习和容错能力,能通过学习人为给定的样本范例而获取知识(阎平凡等,2000)。ANN 的这些特征有助于消除或降低目前地下水脆弱性评价过程中不确定因素的影响,同时也预示了其在该领域中的应用前景(武强等,2006)。

李梅等(2007)建立了地下水脆弱性的改进 BP 神经网络模型,在黄淮平原宁陵县的应用结果中表明,改进 BP 神经网络法训练速度快、精度高,能较好地解决非线性的模式识别问题,客观地评价地下水的脆弱性。武强等(2006)根据研究区域内地下水污染特征,提出了多因子组合条件下地下水脆弱性分析的定量化方法,结合选定的评价因子类别确定了人工神经网络(ANN)模型的结构,获取各评价子专题层的权重系数,在此基础上运用地理信息系统(GIS)与人工神经网络耦合技术对各子专题层进行加权复合叠加,构建出地下水脆弱性模型,并据此提出了研究区域地下水脆弱性分区评价成果图。

(二)尖点突变模型

徐明峰等(2005)将突变理论引入地下水脆弱性评价中,用尖点突变模型对长春城区半承压含水层的特殊脆弱性进行了评价。突变理论较好地揭示了地下水特殊脆弱性变化,尖点突变模型可以模拟地下水特殊脆弱性变化,评价理论依据充分,所需数据较少,比数值模型模拟方法易于实行。

(三)灰色关联分析法

灰色系统理论中的灰色关联分析,可在不完全的信息中对要分析研究的各因素,通过一定的数据处理,在随机的因素序列间,找出它们的关联性。因此,特别适合像地下水脆弱性这类数据有限、没有模型、复杂而且具有不确定性问题的分析和评价。灰色关联分析是一种多因素统计分析法,它以各子因素时间序列与母因素时间序列数据为基础,计算母子因素的关联度,用关联度来描述母子因素间关系强弱、大小和次序(刘思峰等,2000)。

其具体计算步骤为如下。

(1)确定参考数列和比较数列。

(2)对参考数列和比较数列构成的矩阵进行归一化处理。在进行灰色关联度分析时,一般都要根据指标的不同种类(成本型、效益型、区间型等)采用不同公式进行无量纲化的数据处理。

(3)求参考数列与比较数列的灰关联系数。

(4)求灰关联度。

(5)按灰关联度排序。将灰关联度按大小排序,得灰关联度序列,关联度越大,说明两者越接近。

孙艳伟(2007)和孙丰英等(2009)将灰色关联分析法应用于地下水脆弱性评价中,王红旗等(2009)应用灰色关联分析法评价了北京市顺义区的地下水水源地脆弱性。

(四)基于灾害风险理论的地下水脆弱性评价模型

张树军等(2009)基于灾害风险理论,构建了地下水污染脆弱性评价框架模型和指标体系,通过固有脆弱性和外界胁迫脆弱性两者的交叉运算(Cross)获得最终地下水污染脆弱性评价结果。

(五)可拓综合评价的物元模型

刘卫林等(2007)以宁陵县为例,通过分析地下水脆弱性影响因素,以物元模型、可拓集合与关联函数理论为基础,建立了多指标多级的地下水脆弱性可拓综合评价的物元模型,通过计算其关联度,将多因子的评价归结为单目标决策,以定量的数值表示评定结果,从而能较完整地反映地下水的脆弱性。

(六)投影寻踪模型

投影寻踪模型(Projection Pursuit Model,PP)是用来处理和分析高维数据的一种探索性数据分析的有效方法。其基本思想是:利用计算机技术,把高维数据通过某种组合,投影到低维子空间上,并通过极小化某个投影指标,寻找出能反映高维数据结构或特征的投影,在低维空间上对数据进行分析,以达到研究和分析高维数据的目的。该方法主要有以下几个特点:①成功地克服了高维数据的“维数祸根”带来的严重困难;②排除了与数据结构和特征无关的或关系很小的变量的干扰;③使用一维统计方法解决高维问题(田铮等,1999;付强等,2002)。

投影寻踪模型不但可以评价出不同分区地下水脆弱性的程度,同时还可以根据投影方向判断各评价指标的相对重要程度,据此对指标体系进行适当调整,去掉投影值相对很小的指标,并根据当地实际情况适当补充新的指标,重新进行评价分析,如此反复,直至各项指标的投影值大小趋于相对均衡为止(付强等,2008)。投影寻踪模型对于地下水脆弱性评价具有较好的效果,避免了专家主观赋权的人为干扰。

刘仁涛等(2008)结合三江平原实际情况,首次将基于实数编码加速遗传算法的投影寻踪模型应用于该地区的地下水脆弱性评价,取得了令人满意的效果。

随着地下水脆弱性研究的深入,脆弱性评价方法也日益多样化、复杂化。但地下水脆弱性评价还应从简单的评价方法入手,在对评价区域的脆弱性有了一个整体认识的基础上,再选用复杂的评价方法进行深入细致的评价分析。如果几种评价方法所实现的评价目的或得到的评价结果是相似的,应优先选用简单的脆弱性评价方法。同时,脆弱性评价不仅要对评价区域的脆弱性程度给出科学合理的度量,同时还要将这种定量评价转化为指导实践的有用信息传达给决策者,这就要求评价者必须在数据的转换和评价结果的解释之间作到合理的平衡(李鹤等,2008)。同一地区,使用不同方法和同样数据进行的固有脆弱性评价结果表明,相对简单的和较复杂的评价方法,其评价结果基本相同(陈浩等,2006)。

第五节　地下水脆弱性编图

一、一般概念

地下水脆弱性图是地下水脆弱性评价结果的一种直观表现,属于特殊用途的环境图范畴,派生于一般的水文地质图。它主要反映地下水的脆弱性,它是评价地下水脆弱性的潜势、鉴定易污染区域、评估污染风险和设计地下水质量监测网络的工具,用以指导土地利用规划、地下水的开发和保护,它是地下水污染防治工作的基础。

地下水脆弱性图分一般脆弱性图和特殊脆弱性图两种:一般(或固有的)脆弱性图是用来评价与特殊污染物或与污染源无关的地下水系统的自然脆弱性;特殊(或综合性)脆弱性图则以一般脆弱性图为基础,同时考虑不同污染物或者特定污染源对地下水的影响(杨旭东等,2006)。

二、分类

根据比例尺、目的、内容及图解描述等因素,可对地下水脆弱性图进行分类(见表2-12)。

表2-12　地下水系统脆弱性图分类(Aller等,1987)

类型	比例尺	目的和内容	图形表示法
普通的概括性的纲要性的	1:500 000或更小	国家或国际级的地下水保护政策,一般规划、决策制定;公众教育,地下水固有脆弱性综合性图,缺少局部细节	大部分是手工编制,二维图或有注释的图册。计算机编图仍不常见
纲要性的	1:500 000 1:100 000	制定区域计划、地下水保护管理规程,评价污染问题的扩散。大部分局部细节仍然缺少	手工编制,或二维、三维计算机编制成图或图册
易使用的	1:100 000 1:25 000	制定区域土地利用规划和地下水保护规划。分图描述关于特殊污染物迁移时间的地区性地下水脆弱性。要求野外调查	计算机数字化的二维或三维图,或手工编图;剖面图和图表提高了实用性
特殊目的	1:25 000或更大	单一目的,用于地方或城市规划和保护场地特殊图,表示地方或场地特殊地下水脆弱性问题,需要一套代表性数据,通常需要场地的特别调查	计算机数字化二维或三维图或图表和网络图

三、主要用途

第一,脆弱性图对规划来说具有重要的导向作用;第二,脆弱性图可以用来对某一地区区域性规划进行前景展望,帮助规划者指明最优先的重点开发区域;第三,脆弱性图可以帮助专家确定哪些地区可能存在地下水问题,哪些类型的数据需要进一步研究,也可以用来帮助监测网络设计及进行污染趋势评价;第四,脆弱性图可以用来告知公众和决策者,含水层是人类活动极易影响,相互联系的生态系统的一部分,需要科学的保护(杨旭东等,2006)。

四、编制方法

地下水脆弱性编图是以地理信息系统为理论基础,涉及水文地质、环境地质及计算机科学等学科知识,采用GIS软件完成所有图系的编制,要应用到其中的“图形处理(输入、编辑、输出)”、“库管理(属性库管理)”、“空间分析(空间分析、DTM 分析)”、“实用服务(误差校正)”等几个功能(阮俊等,2008)。

目前,在编制地下水脆弱性图时用到的软件有:ARC/INFO 软件(付素蓉等,2000;吴晓娟等,2007)、Blackland GRASS 地理信息系统软件(董亮等,2002)、Map Info(郑西来等,2004)和 MapGIS6.7(阮俊等,2008)等。

整个评价过程(以 ARC/INFO 为例)如下(付素蓉等,2000)。

(1)各指标参数的数据收集。

(2)地图数字化,建立原始数据层次。各参数形成一个数据文件,而且每个数据文件的格式要与评价模型相容。参数的范围应用符号代替,如 A,B,C 分别代表地下水埋深的 0~2.5 m,2.5~6.5 m,6.5~12.0 m。

(3)输入每个参数的权重、相对应的评分值,每个参数各产生一张同比例尺的图。

(4)如有必要,对各指标参数的脆弱性重新分级(评分),形成新的数据层次。

(5)输入各参数的权重,把编辑后的各参数所形成的地图栅格化,并把底图栅格化。栅格化由 ARC/INFO 软件的栅格化功能来完成,使用的命令是 POLY GRID 和 LINE GRID,POLY GRID 用来把参数图的多边形栅格化,LINE GRID 用来栅格化基础底图。

(6)建立评价模型,把各指标参数图叠加在一起,通过迭置分析(OVERLAY),得到脆弱性分区图。迭置分析是把多个地图层面的数据根据所建立的评价模型进行一定的操作后,得出结果的分析方法。

综合脆弱性图可以由各单因子经过空间分析叠加而成,也可以依据单因子钻孔的总得分,也即 DRASTIC 地下水系统脆弱性指标,提取等值线,生成综合脆弱性图(阮俊等,2008)。

五、国内外编图实践

在 20 世纪 70 年代,欧洲一些国家(主要是德国、捷克、法国、西班牙、苏联、波兰、保加利亚等)及美国编制了一些小比例尺的地下水脆弱性图,如法国地质矿产调查局(BGRM)1970 年编制出版第一幅 1∶100 万法国地下水脆弱性图,编图者试图通过小比例尺图件,根据政府的需要从国家和区域层次上了解地下水最易被污染的地区,以便制定地下水保护政策和措施。到 80 年代,为了适应较小单元地下水保护的需要,世界各地已出版了大量的大、中比例尺的区域地下水脆弱性图。国际水文地质学家协会(IAH)地下水保护委员会于 1987 年启动了关于地下水脆弱性评价与编图的项目,在这一时期中,法国地质调查局编制了 1∶25 万、1∶10 万、1∶5万及一些专门目的地下水脆弱性图;美国利用 DRASTIC 编图方法出版了大量地下水脆弱性图;意大利由 Civita 等(1987)通过意大利国家研究委员会的研究计划,出版了 1∶2.5 万和 1∶5万的地下水污染脆弱性图;荷兰在 1987 年编制出版了 1∶4万国家地下水污染脆弱性图;德国由联邦地学与自然资源研究所编制了 1∶100 万、1∶20 万、1∶4万和 1∶1万地下水脆弱性图;原民主德国在 1980~1985 年编制了 1∶5万的地下水脆弱性图;瑞典编制了 1∶2.5 万地下水脆弱性专题图;英国也编制了一些脆弱性图,国家河流管理局编制了一系列 1∶10 万的区域地下水固有脆弱性图;捷克编制了 1∶10 万和 1∶20 万的系列地下水脆弱性图。1987 年在荷兰举办了“土壤和地下水对污染物的脆弱性评价”的国际会议，会议通报了各国编图情况。1989 年，在德国召开了“水文地质图作为经济和社会发展的工具”的国际研讨会，会议对脆弱性图的分类和编图方法进行了交流。Vrba 等(1994)编著了《地下水脆弱性编图指南》。1995 年在加拿大召开的第 26 届国际水文地质学家大会(IAH 会议)上，地下水污染脆弱性评价及编图成为一个重要主题。

我国在地下水脆弱性编图方面起步较晚，但发展很快。我国编制的地下水脆弱性图有：西安市潜水脆弱性图(郑西来等，1997)，大连地区非承压含水层 DRASTIC 易污性指标图(杨庆等，1999)，松嫩盆地地下水环境脆弱程度图(林学钰等，2000)，唐山市平原区地下水污染脆弱性分区图(雷静，2002)。陈梦熊(2001)对地下水脆弱性编图方法作了论述。为了推动我国地下水脆弱性研究和编图工作，中国地质调查局水文地质工程地质技术方法研究所于 2003 年翻译了《地下水脆弱性编图指南》。

第六节　小　结

本章首先建立了地下水脆弱性分析的概念模型；分析了地下水脆弱性的一般特征和地下水脆弱性影响因素；提出了构建地下水脆弱性评价指标体系的原则，认为从实用角度考虑，应分别建立地下水水质脆弱性和地下水水量脆弱性评价指标体系，其指标个数以 4 个为宜，指标及评价结果划分 5 级为宜；介绍了专家赋分法、主成分－因子分析法、层次分析法、灰色关联度法、神经网络法、熵权法、试算法等权重确定方法；综述了迭置指数法、过程模拟法、统计法和模糊数学法等地下水脆弱性评价方法；论述了地下水脆弱性编图的一般概念、分类、主要用途、编制方法，介绍了国内外地下水脆弱性编图实践。

第三章　基于传统水文地质成果的流域地下水脆弱性评价方法及应用

我国内陆干旱区地域广大，水文地质研究程度较低，天然地下水水质较差（周金龙，2005），地下水尚未受到严重污染。但随着工业和农牧业的发展，地下水污染的可能性在加大。我国以流域为单元的水资源管理体制正在逐步建立，内陆干旱区地下水与地表水水力联系密切，以流域为单元实施水资源管理显得尤为重要。如何通过流域尺度地下水脆弱性评价，指导流域地下水保护，具有重要的现实意义。上述地区基本完成了比例尺大于或等于1∶25万的水文地质普查工作，如何依据现有的传统水文地质调查与研究成果，建立与其相适应的地下水脆弱性评价指标体系及评价模型，这是本章需要解决的问题。

第一节　基于传统水文地质成果的流域地下水脆弱性评价模型——DRAV模型的提出

一、评价指标及模型

国外较早提出、国内目前仍在广泛采用的地下水脆弱性评价方法有GOD法和DRASTIC模型。

在地下水脆弱性评价的GOD法和DRASTIC模型的基础上，参考《地下水资源图编图方法指南》（陈梦熊，2001），考虑到内陆干旱区地形坡度一般小于2%，在天然降水和人工灌溉的条件下，一般不产生水平径流的特点，舍弃DRASTIC模型的*T*（地形）指标；以*A*（含水层特性）这一指标（综合考虑含水层类型、含水层岩性与水力传导系数）综合表征GOD模型中的*G*（地下水状况）和*O*（上覆岩层特性）及DRASTIC模型中的*A*（含水层介质）和*C*（水力传导系数）指标；鉴于土壤位于包气带的顶部，用*V*（包气带岩性）指标完全可以考虑到DRASTIC模型中的*S*（土壤介质）指标对地下水脆弱性的作用。因此，可以用*D*（地下水埋深，Groundwater Depth）、*R*（含水层净补给量，Net Recharge of Aquifer）、*A*（含水层特性，Aquifer Characteristics）和*V*（包气带岩性，Lithology of Vadose Zone）等4个指标来评价内陆干旱区的地下水脆弱性，即DRAV模型。每个指标可根据其对地下水脆弱性影响的重要性赋予相应的权重。当前对地下水脆弱性的评价并没有统一的方法，也没有统一的评价标准（黄鹄等，2005）。基于通用性、可理解性和可读性，本书对内陆干旱区地下水脆弱性的评价采用综合评价指数法，脆弱性综合评价指数VI_i为以上4个指标的加权总和，其指数计算公式为

$$VI_i = \sum_{j=1}^{m} (W_{ij} R_{ij}) \tag{3-1}$$

式中：VI_i为内陆干旱区地下水脆弱性系统中第i个子系统的综合评价指数；W_{ij}为第i个

子系统中第 j 个评价指标的权重，其中 $\sum_{j=1}^{m} W_{ij}=1$；R_{ij} 为第 i 个子系统中第 j 个评价指标的量值；m 为选用指标的数量，取 $m=4$。

综合评价指数 VI_i 越小，则地下水系统的脆弱性越弱，地下水系统的稳定性能和自我恢复能力越好。反之，地下水系统的脆弱性越强，地下水系统的可恢复能力就越差。根据综合评价指数 VI_i 可以进行地下水脆弱性分级与分区。按照通常对分数等级优劣的判别，地下水脆弱性评价结果采用等间距方法分级，即评价结果一般分为 5 个等级：极低脆弱性、低脆弱性、中等脆弱性、高脆弱性和极高脆弱性。

二、指标权重的确定

不同学者在进行地下水脆弱性评价时采用的权重不尽一致。

Aller 等(1987)在应用 DRASTIC 模型时，给出的地下水埋深、含水层净补给量、含水层介质、土壤介质、地形、包气带、水力传导系数的权重分别是 5、4、3、2、1、5、3。对应于 DRAV 模型中的地下水埋深 D、含水层净补给量 R、含水层特性 A、包气带岩性 V 的权重分别为 5、4、6、7，归一化处理后，权重分别为 0.227、0.182、0.273、0.318。

Ibe 等(2001)在应用 DRASTIC 模型时，给出的地下水埋深、含水层净补给量、含水层介质、土壤介质、地形、包气带、水力传导系数的权重分别是 5、3、3、2、1、5、4。对应于 DRAV 模型中的地下水埋深 D、含水层净补给量 R、含水层特性 A、包气带岩性 V 的权重分别为 5、3、7、7，归一化处理后，权重分别为 0.227、0.137、0.318、0.318。

Dixon(2005b)在应用 DRASTIC 模型时，给出的地下水埋深、含水层净补给量、含水层介质、土壤介质、地形、包气带、水力传导系数的权重分别是 5、4、3、5、3、4、2。对应于 DRAV 模型中的地下水埋深 D、含水层净补给量 R、含水层特性 A、包气带岩性 V 的权重分别为 5、4、5、9，归一化处理后，权重分别为 0.217、0.174、0.217、0.391。

Bukowski 等(2006)在应用 DRASTIC 模型时，给出的地下水埋深、含水层净补给量、含水层介质、土壤介质、地形、包气带、水力传导系数的权重分别是 3、4、4、3 ~ 5(中值 4)、1 ~ 3(中值 2)、4 ~ 5(中值 4.5)、2 ~ 3(中值 2.5)。对应于 DRAV 模型中的地下水埋深 D、含水层净补给量 R、含水层特性 A、包气带岩性 V 的权重分别为 3、4、6.5、8.5，归一化处理后，权重分别为 0.136、0.182、0.296、0.386。

Panagopoulos 等(2006)在应用 DRASTIC 模型时，给出的地下水埋深、含水层净补给量、含水层类型、地形、包气带影响权重分别是 3、1、5、2、2.5。对应于 DRAV 模型中的地下水埋深 D、含水层净补给量 R、含水层特性 A、包气带岩性 V 的权重分别为 3、1、5、2.5，归一化处理后，权重分别为 0.261、0.087、0.435、0.217。

Nobre 等(2007)在应用 DRASTIC 模型时，给出的地下水埋深、含水层净补给量、含水层介质、土壤及土地利用与覆盖、地形、水力传导系数的权重分别是 5、4、3、3、3、2。对应于 DRAV 模型中的地下水埋深 D、含水层净补给量 R、含水层特性 A、包气带岩性 V 的权重分别为 5、3、5、3，归一化处理后，权重分别为 0.312、0.188、0.313、0.188。

Guo 等(2007)在应用 DRARCH 模型时，给出的潜水埋深、净补给量、含水层厚度、包气带黏土层厚度占总厚度比例、包气带沉积物的污染物吸附系数和含水层水力传导系数的权重分别为2、1、7、9、7、5。对应于DRAV模型中的地下水埋深D、含水层净补给量R、含水层特性A、包气带岩性V的权重分别为2、1、12、16，归一化处理后，权重分别为0.065、0.032、0.387、0.516。

Mohammadi等(2009)在应用DRASTIC模型时，给出的地下水埋深、含水层净补给量、含水层介质、土壤介质、地形、包气带、水力传导系数的平均有效权重(Mean Effective Weight)分别为0.130、0.203、0.096、0.121、0.099、0.213、0.138。对应于DRAV模型中的地下水埋深D、含水层净补给量R、含水层特性A、包气带岩性V的权重分别为0.130、0.203、0.234、0.334，归一化处理后，权重分别为0.144、0.225、0.260、0.371。

综上所述，在DRAV模型中，地下水埋深D、含水层净补给量R、含水层特性A、包气带岩性V的归一化权重分别取0.20、0.15、0.31、0.34(见表3-1)。这一权重系列，与作者及同事长期从事干旱区地下水开发利用和保护的工作经验相吻合。

表3-1　DRAV模型评价内陆干旱区地下水脆弱性时各指标的权重

评价指标	地下水埋深D	含水层净补给量R	含水层特性A	包气带岩性V
权重	0.20	0.15	0.31	0.34

第二节　应用DRAV模型评价塔里木盆地潜水水质脆弱性

一、塔里木盆地潜水水质脆弱性影响因素概述

(一)地理位置及行政区划

塔里木盆地位于新疆维吾尔自治区南部，地理位置为东经75°06′~92°50′，北纬36°30′~42°10′，从西北至西南分别同哈萨克斯坦、吉尔吉斯斯坦、塔吉克斯坦、阿富汗、巴基斯坦、印度等6国相邻。南部与西藏自治区接壤，东南部与甘肃省、青海省接壤。

塔里木盆地是以维吾尔族为主体的多民族聚居地区，土地面积为104.113 9万km^2，占全国土地总面积的10.8%，是我国面积最大的盆地。其中：山区为47.442 1万km^2，占总面积的45.57%；平原区为30.138 8万km^2，占总面积的28.95%；荒漠区为26.533 0万km^2，占总面积的25.48%。盆地内设有5个地(州)，44个县(市)(其中2个自治县)；境内还有新疆生产建设兵团4个师，共55个农牧团场。详见图3-1。地级以上行政区划见表3-2。

(二)地形、地貌

塔里木盆地四周为高山和高原环绕，西高东低；盆地内宽阔低平，向东倾斜。

北部为天山山脉，一般海拔3 500 m左右，地势西高东低，西部的托木尔峰海拔达7 435 m，东部最高峰只有4 299 m。南坡雪线高度为3 500~4 000 m，中高山南侧为海拔1 300~2 500 m的低山丘陵。高山、极高山区显示出冰川及冰缘地貌。中山带沟谷深切，水文网比较发育，以流水地貌为主；低山丘陵则为干燥剥蚀地貌。它们均属于侵蚀剥蚀地貌。

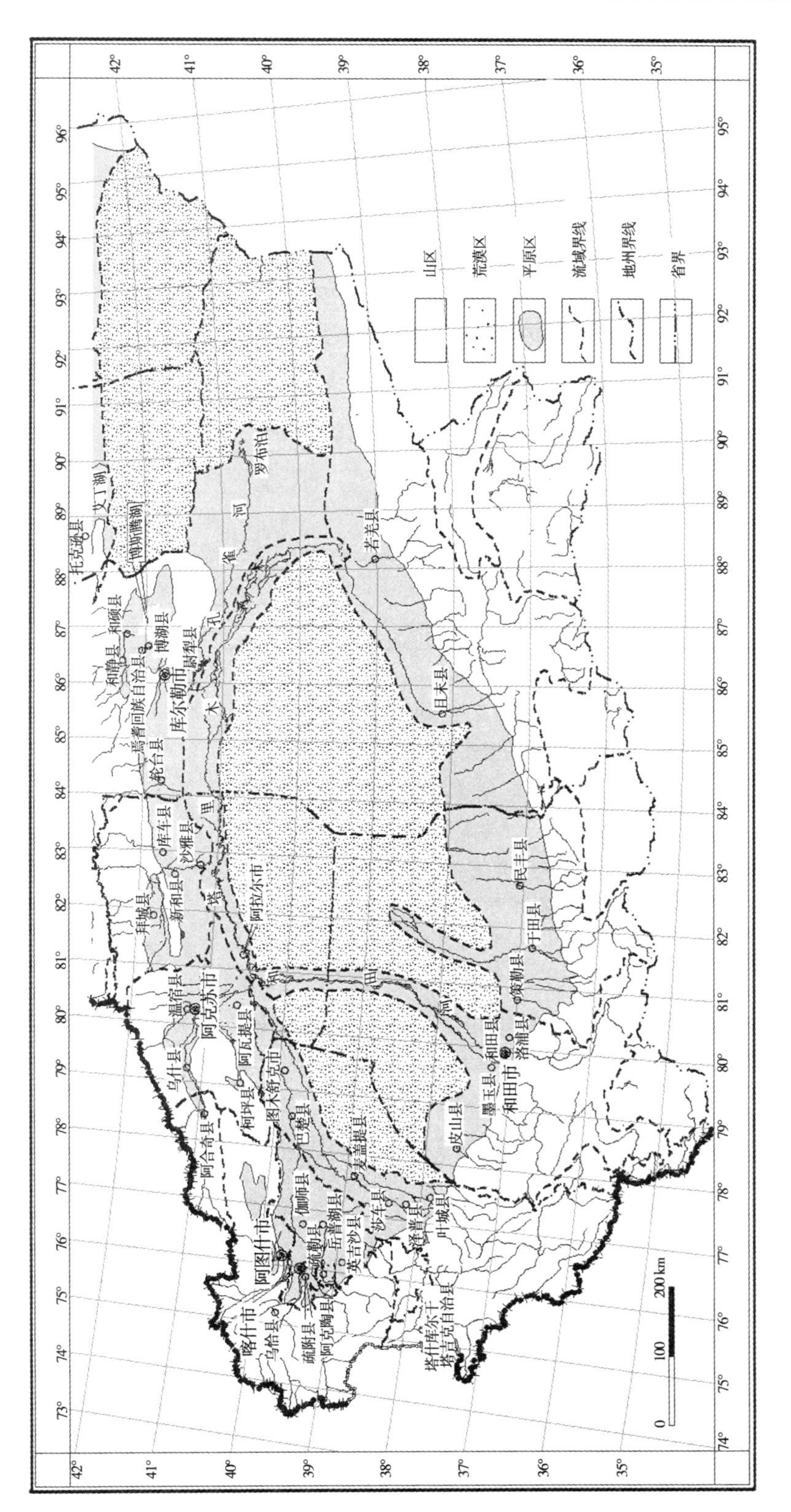

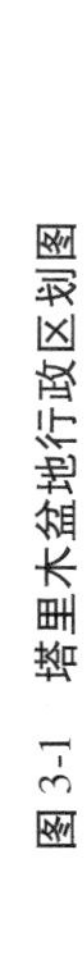
图 3-1　塔里木盆地行政区划图

表 3-2　塔里木盆地内地级以上行政分区及面积一览表　（单位：万 km^2）

地级行政区名称	简称	总面积	山区	平原区	荒漠区	说明
巴音郭楞蒙古自治州	巴州	47.899 5	20.342 2	11.403 2	16.154 1	1 市 8 县；农二师 17 个农牧团场
阿克苏地区		13.107 6	3.924 2	7.484 4	1.699 0	2 市 8 县；农一师 17 个农牧团场
克孜勒苏柯尔克孜自治州	克州	7.006 4	6.461 3	0.478 0	0.067 1	1 市 3 县
喀什地区		11.167 0	5.133 3	4.235 8	1.797 9	2 市 11 县；农三师 18 个农牧团场
和田地区		24.933 4	11.581 1	6.537 4	6.814 9	1 市 7 县；农十四师 3 个农牧团场
合计		104.113 9	47.442 1	30.138 8	26.533 0	7 市 37 县 55 团场
面积百分比（%）		100.00	45.57	28.95	25.48	

盆地西南帕米尔高原及昆仑山，山势雄伟，海拔一般在 5 000 m 以上，有多座 7 000 m 以上的山峰，构成塔里木盆地西部和南部的屏障。雪线在 4 700 ~ 6 000 m，高山区现代冰川发育，水源较丰富，呈现出冰川地貌和流水侵蚀地貌；在中高山以北的低山丘陵，海拔 1 500 ~ 2 600 m，是典型的干燥剥蚀地貌。

昆仑山东部的阿尔金山是塔里木盆地和青海柴达木盆地的界山，海拔为 3 500 ~ 4 000 m，超过 6 000 m 的山峰很少，雪线高度 5 000 ~ 5 700 m，现代冰川零星分布在几个主要的高峰处，水源贫乏，是亚洲干旱区的中心，主要呈现为干燥剥蚀地貌。

塔里木盆地宽广低平，地形具有向心的特点。由西南向东北缓倾斜，西南缘昆仑山前砾质平原海拔在 1 400 ~ 1 600 m，北部天山南麓砾质平原海拔 1 000 ~ 1 200 m，塔里木河冲积平原为 900 ~ 1 000 m，东部罗布泊最低处为 780 m。地形坡度一般为 0.5‰ ~ 3‰。

盆地由山前向中心方向，依次为砾质平原、细土平原、沙漠或湖泊。昆仑山山前细土平原以北至塔里木河冲积平原，西部叶尔羌河冲积平原至东边的车尔臣河河谷平原之间皆为沙漠。

（三）气象

1. 气温

塔里木盆地属典型大陆性干旱气候，干燥少雨，四季气温相差悬殊，冬、夏季漫长，春、秋季短暂，并有春季升温快、秋季降温迅速等特点。多数地区气温年较差为 30 ~ 35 ℃，年平均日较差为 14 ~ 16 ℃，年最大日较差一般在 25 ℃以上。年平均气温为 9 ~ 12 ℃。夏热冬寒是大陆性气候的显著特征，夏季 7 月平均气温为 20 ~ 30 ℃；冬季 1 月平均气温为 −10 ~ −20 ℃。

2. 降水

平均年降水量为 117 mm。这些降水主要分布在山区，大部分直接蒸发返回大气层，小部分形成地表径流，部分渗入地下形成山区地下水。

山地降水量一般为 200～500 mm，塔里木盆地边缘为 50～80 mm，东南缘为 20～30 mm，盆地中心约 10 mm。年降水量山区多集中在 5～8 月，占全年 60% 以上。详见表 3-3。

表 3-3　塔里木盆地代表性气象站多年平均月降水量统计　（单位：mm）

站名	月平均降水量												合计
	1 月	2 月	3 月	4 月	5 月	6 月	7 月	8 月	9 月	10 月	11 月	12 月	
库车站	1.8	2.5	2.7	2.8	8.7	15.7	12.5	11.5	5.6	3.4	1.7	1.1	70.0
喀什站	2.2	5.3	5.1	5.6	12.1	6.8	7.2	7.6	5.0	2.3	1.3	1.3	61.8
于田站	1.8	1.4	1.2	3.8	8.7	10.0	9.6	5.5	3.8	0.5	0.3	0.5	47.1

3. 蒸发

塔里木盆地属于干旱地区，降水稀少，蒸发强烈，蒸发分为水面蒸发和陆面蒸发。在塔里木盆地的荒漠、沙漠区水面蒸发量可达 1 600 mm 以上，盆地边缘绿洲带内水面蒸发量为 1 200～1 600 mm（以上蒸发值均为折算后的 E_{601} 型蒸发值），详见表 3-4。水面蒸发量的年际变化较降水量变化小，以和田为例，年最大值与年最小值之比为 1.56。

表 3-4　塔里木盆地代表性气象站多年平均月水面蒸发量统计　（单位：mm）

站名	月平均蒸发量												合计
	1 月	2 月	3 月	4 月	5 月	6 月	7 月	8 月	9 月	10 月	11 月	12 月	
库车站	22.5	43.2	121.9	224.2	278.8	307.1	299.1	244.4	173.5	110.8	43.8	18.8	1 888.1
喀什站	27.0	51.3	150.2	263.7	340.7	396.0	398.0	326.1	229.0	149.7	70.4	26.9	2 429.7
于田站	40.4	68.2	179.5	281.6	335.3	353.8	340.8	298.6	229.6	168.5	89.3	44.1	2 429.7

陆面蒸发包括陆地表面和植物蒸腾散发两部分，它是水循环运动中重要组成部分，也是地下水蒸发的主要形式。山区一般为 100～300 mm，山前倾斜平原区为（绿洲农业开发区）250～400 mm；陆面蒸发量最小的区域位于沙漠，为 10～100 mm。

（四）土壤、植被

在半荒漠低山丘陵、山间盆地是山地灰钙土，在洪积扇为原始荒漠土，在干河床为龟裂土，在河漫滩、低阶地是草甸土，在沼泽地、湖滨是沼泽土，在冲积－洪积平原是荒漠盐土。

利用 1∶10 万《新疆土地利用卫星遥感分析图》（中国科学院新疆生态与地理研究所，1999 年），将灌区包络区外各类土地植被划分为不同植被覆盖区域，形成非灌区林草地分区图。非灌区林草地面积为 81 444.47 km^2，占平原区总面积的 22.17%。

非灌区土地共分为 7 个类型区，分别为裸地、有林地、灌木林地、疏林地、高覆盖度草地、中覆盖度草地和低覆盖度草地。天然植被分布状况见彩图 3-1。

（五）河流水系与水利工程

1. 河流水系

塔里木盆地的河流除西南部喀喇昆仑山的奇普恰普河流入印度河，最后注入印度洋外，其余均属内陆河。

发源于塔里木盆地周围山地的内陆河流，向盆地内部流动，构成向心水系，河流的归宿点是内陆盆地和山间封闭盆地的低洼部位。塔里木河总长为 2 437 km，其中干流长为 1 321 km，是我国最长的内陆河。

河流一般分为径流形成区和径流散失区，分界线一般在山区的出山口附近。在出山口以上是山区，降水量大，集流迅速，引水量少，从河源到山口水量逐渐增加，河网密度大，是径流形成区；河流出山口后，流经冲积扇和冲积平原，水量大部分渗漏，由地表水转为地下水，部分引入灌区，加之出山口后降水少，蒸发大，因此地表不能形成径流，是径流散失区。大部分河流出山口后，水量引入灌区，消耗于灌溉、渗漏和蒸发。只有少数水量较丰的河流，才能流到盆地内部，潴水成湖。

2. 灌区及水利工程设施

塔里木盆地是干旱地区，也是灌溉农业地区，没有水就没有农业，加之河流来水量在时空分布上极不均匀，严重影响着当地的经济发展。新中国成立 60 多年来，塔里木盆地的灌区及其水利工程建设取得了很大进展，修建了一批灌溉、调蓄、供水、防洪、治碱、水土保持、节水灌溉、水力发电等大中型水利枢纽工程体系。

考虑到塔里木盆地干旱区特殊的绿洲地理环境特征，灌区在绿洲内部，形成平原区灌区分散布局的特征。灌区是渠道水补给、田间水入渗补给、井灌水回归补给的主要发生区。

利用 1∶10 万新疆土地利用卫星遥感分析图（中国科学院新疆生态与地理研究所，1999 年），将集中成片耕地、旱地、水田等灌溉绿洲外包络成区，形成塔里木盆地灌区分区图。包络区内包含灌溉绿洲内农田、渠系、小面积居民点、道路、人工林地、灌溉草场等。灌区总面积为 36 658.29 km^2，空间分布状况见图 3-2。

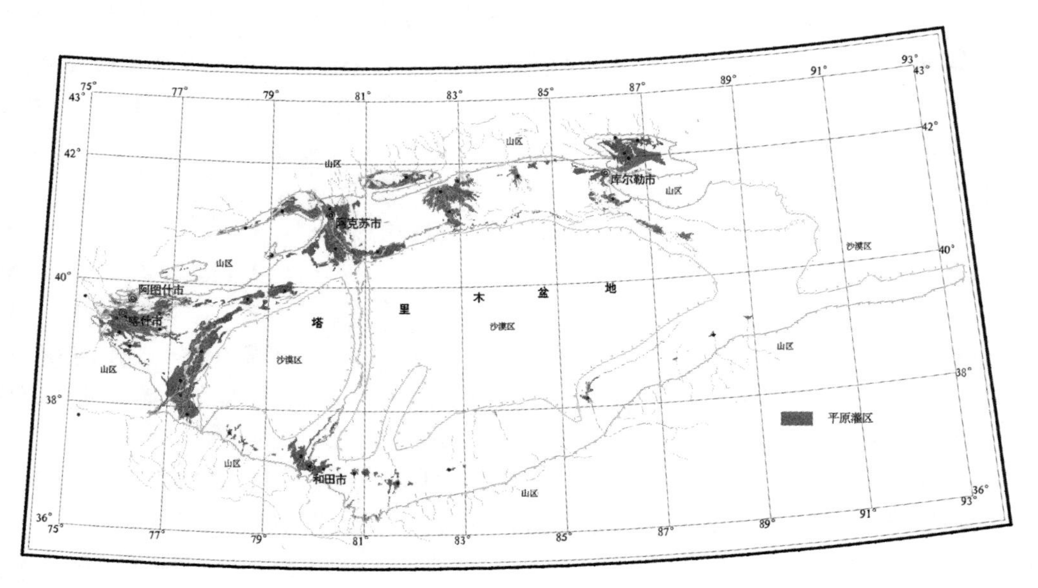

图 3-2　塔里木盆地灌区分布图

（六）地层岩性

新生代地层在盆地广为分布，古近纪和新近纪沉积层厚度可达4 000～6 000 m，第四纪沉积层厚度达到200～800 m，甚至更大。

在塔里木盆地，古近纪和新近纪岩层以莎车拗陷和库车拗陷最完整，厚度也最大，可达4 500 m。在莎车拗陷，古近系（E）和新近系（N）主要是海相和滨湖相沉积，其岩性为红色砂岩、夹褐色黏土、灰色泥岩、灰质砂岩和石灰岩、玫瑰色含石膏砂岩；库车拗陷古近系（E）和新近系（N）是陆相沉积，部分为滨湖相沉积，其岩性有二：一是褐红色和灰黄色砂岩、泥灰岩和黏土岩，二是褐红色砂岩和细砾岩。

第四系在塔里木盆地广泛分布，由于盆地不是统一的流域，而是分隔的两个大的独立流域，即南天山水系流域、昆仑山和喀什噶尔水系流域，故其成因、岩性比较复杂。据赵远昌（2002），下更新统（Q_1）西域岩组砾岩厚度可达300～600 m或更大；中更新统（Q_2）在盆地东西两端河湖相地层厚200余m，东部湖积有两个沉积旋回，底部为砂砾石或厚层砂，西部为黄褐色砂质泥岩及薄层黏土砂岩，高阶地为冰碛及冰水沉积的漂砾、砾及砂砾等；上更新统（Q_3）成因有冰碛、冰水、洪积、风积，冰碛主要分布在山区次级冰碛台地及二、三级阶地中，在山前地带为冰水、洪积、冲积的砂砾石、亚砂土、亚黏土，厚100～500 m，黄土主要分布在昆仑山北坡，砂层分布在喀什三角洲边缘地带，没有湖相沉积；全新统（Q_4）现代冰碛、风积、冰积物主要分布在山区、沙漠和河谷漫滩及一、二级阶地，沉降沉积多在盆地低凹处，岩性为泥砾、砂砾、巨砾、松散砂、亚砂土及亚黏土等，厚5～38 m，于田、和田以南有火山岩堆积。

（七）水文地质特征

塔里木盆地内气候极端干旱，除四周中高山区降水相对充沛，海拔4 000 m以上高山有积雪和冰川外，盆地内绿洲带年降水量仅40～60 mm，东部及沙漠腹部地区年降水量不到10 mm，年蒸发量在2 000 mm以上，冬季很少有积雪覆盖。盆地地下水主要靠地表水出山口后的大量渗漏补给。

塔里木盆地主要分布着第四纪松散沉积层孔隙潜水和孔隙承压水。昆仑山北麓山前平原以潜水为主；喀什噶尔平原除分布有潜水外，局部有承压水分布；天山南麓山前平原以潜水为主，也有承压水埋藏。

1. 地下水埋深

塔里木盆地平原区浅层地下水埋深分区图主要根据平原区长观井、勘探井和生产井1980～2000年地下水平均埋深调查与统计值绘制。浅层地下水埋深按下列级别绘制：≤1 m、1～3 m、3～6 m、6～10 m、10～30 m、>30 m共6级，空间分布状况见彩图3-2。

2. 包气带岩性

在充分收集前人工作成果的基础上，结合部分野外验证工作，编制了塔里木盆地包气带岩性分布图。根据《全国水资源综合规划技术细则》（水利部水利水电规划设计研究院，2002）要求，塔里木盆地平原区包气带岩性分区按岩性归并为4类，分别为砂砾石、粉细砂、亚砂土和亚黏土，空间分布状况见彩图3-3。

3. 潜水含水层岩性及富水性

山前戈壁砾石带为单一潜水分布区，含水层岩性主要为砂卵砾石，厚度大，补给条件好，富水性强，单井出水量 3 000 ~ 5 000 m^3/d。溢出带及其下游的冲洪积平原含水层呈多层结构，上部是潜水含水层，下部埋藏一层或多层承压含水层，潜水含水层岩性以粉细砂为主，富水性各地不一，单井出水量多为 100 ~ 1 000 m^3/d。根据“1∶150 万新疆地下水富水性分区图”将塔里木盆地平原区潜水富水性划分为 5 个等级，空间分布状况见彩图 3-4。

4. 潜水含水层垂向补给特征

潜水含水层垂向补给量包括降水入渗补给量、河道水渗漏补给量、库塘水渗漏补给量、渠系水渗漏补给量、渠灌田间水入渗补给量、人工回灌补给量和井灌回归水补给量。依据《新疆地下水资源》(董新光等，2005)，现状(2000)条件下塔里木盆地平原区潜水含水层垂向补给模数空间分布状况见彩图 3-5。

(八) 地下水化学特征

1. pH 值

除阿克苏河流域阿克苏地区局部地区 pH 值为 6.5 ~ 7.0 外，其余广大地区的 pH 值为 7.0 ~ 8.5。详见彩图 3-6。

2. 矿化度

地下水矿化度划分为≤1 g/L、1 ~ 2 g/L、2 ~ 3 g/L、3 ~ 5 g/L 和≥5 g/L 等 5 个级别，空间分布状况见彩图 3-7。

3. 地下水水化学类型

采用舒卡列夫分类法确定地下水水化学类型，并以表 3-5 的方式组合成水化学类型组。

表 3-5　地下水水化学类型(舒卡列夫分类)组合方式

<table>
<tr><th>超过 25% 毫克当量的离子</th><th>HCO_3^-</th><th>$HCO_3^- + SO_4^{2-}$</th><th>$HCO_3^- + SO_4^{2-} + Cl^-$</th><th>$HCO_3^- + Cl^-$</th><th>$SO_4^{2-}$</th><th>$SO_4^{2-} + Cl^-$</th><th>$Cl^-$</th></tr>
<tr><td>Ca^{2+}</td><td rowspan="2">H – CM</td><td rowspan="2" colspan="3">HSL – CM</td><td rowspan="2" colspan="2">SL – CM</td><td rowspan="2">L – C</td></tr>
<tr><td>$Ca^{2+} + Mg^{2+}$</td></tr>
<tr><td>Mg^{2+}</td><td>H – M</td><td colspan="3">HSL – M</td><td colspan="2">SL – M</td><td>L – M</td></tr>
<tr><td>$Na^+ + Ca^{2+}$</td><td rowspan="3">H – NCM</td><td rowspan="3" colspan="3">HSL – NCM</td><td rowspan="3" colspan="2">SL – NCM</td><td rowspan="3">L – NCM</td></tr>
<tr><td>$Na^+ + Ca^{2+} + Mg^{2+}$</td></tr>
<tr><td>$Na^+ + Mg^{2+}$</td></tr>
<tr><td>Na^+</td><td>H – N</td><td colspan="3">HSL – N</td><td colspan="2">SL – N</td><td>L – N</td></tr>
</table>

塔里木盆地平原区地下水水化学类型组有 11 种，以 HSL – NCM、SL – NCM 和 SL – N 为主，详见彩图 3-8。

二、指标的评分标准

(一) 潜水埋深 *D*

潜水埋深决定了污染物与包气带介质的接触时间，并控制着地表污染物到达含水层之前所经历的各种水文地球化学过程及物理化学过程，因而它与污染物进入地下水系统的可能性密切相关。通常地下水埋深越大，地表污染物到达含水层所需时间越长，污染物在运移过程中被稀释、吸附、降解的机会也越大，到达地下水系统的可能性越小，则地下水脆弱性越低。

依据董新光等(2005)的研究成果，塔里木盆地孔隙潜水埋深变化较大，在盆地边缘潜水埋深大，一般大于30 m；而在盆地中心潜水埋深较小，一般小于3～6 m，局部地区小于1～3 m。根据DRAV模型的评分原则，塔里木盆地潜水埋深的赋分为1～10，加权得分为0.2～2.0(见表3-6和彩图3-9)。

表3-6　塔里木盆地潜水埋深 *D* 脆弱性评分

地下水埋深(m)	≤1	1～3	3～6	6～10	10～30	>30	合计
赋分	10	7	5	3	2	1	
加权得分	2.0	1.4	1.0	0.6	0.4	0.2	
面积(km^2)	759	50 227	65 616	100 755	31 925	43 611	292 893
面积百分比(%)	0.3	17.1	22.4	34.4	10.9	14.9	100.0

(二)含水层净补给量 *R*

在DRAV模型中，净补给量是指单位面积内从地表垂直渗入到含水层的水量。补给水是污染物向含水层运移的主要载体，它不但在包气带中垂向传输污染物，还控制着污染物在包气带及饱和带中的弥散和稀释作用。因此，净补给量越大，地下水受污染的可能性也越大。但当净补给量大到一定程度以致污染物被稀释时，地下水受污染的可能性将会减小。

塔里木盆地平原区净补给量一般小于100 mm/a(董新光等，2005)，此量难以稀释污染物。根据DRAV模型的评分原则，塔里木盆地潜水含水层净补给量的赋分为1～10，加权得分为0.15～1.5(见表3-7和彩图3-10)。

表3-7　塔里木盆地含水层净补给量 *R* 脆弱性评分

补给模数(mm/a)	≤50	50～100	100～200	200～300	300～500	>500	合计
赋分	1	2	4	6	8	10	
加权得分	0.15	0.3	0.6	0.9	1.2	1.5	
面积(km^2)	232 747	16 945	9 856	6 775	14 316	12 254	292 893
面积百分比(%)	79.5	5.8	3.4	2.3	4.9	4.2	100.0

(三)含水层特性 *A*

Bekesi等(2002)认为含水层介质特性对污染脆弱性模拟具有重要作用。地下水流动系统控制着污染物的运移路线及运移路径的长度，而含水层特性(含水层类型和水力传导系数或富水性)又深刻地影响着地下水渗流路径。当给定含水层介质时，承压含水层地下水污染敏感性较潜水污染敏感性高。当给定含水层类型时，含水层中介质颗粒越大、裂隙或溶隙越多,水力传导系数越大,富水性(通常以单位涌水量来表征)越强,渗透性越好,含水层介质对污染物扩散的削减能力就越差(尤其是对于那些一旦进入含水层就很难被去除的有机污染物和重金属污染物等),污染物渗流路径越长,地下水脆弱性越高。因此,含水层特性在地下水脆弱性评价中具有重要意义。

根据DRAV模型的评分原则,塔里木盆地潜水含水层特性的赋分为1~10,加权得分为0.31~3.1(见表3-8和彩图3-11)。

表3-8　塔里木盆地潜水含水层富水性A脆弱性评分

含水层富水性($m^3/(d \cdot m)$)	≤2	2~20	20~200	200~1 000	>1 000	合计
赋分	1	3	5	7	10	
加权得分	0.31	0.93	1.55	2.17	3.1	
面积(km^2)	30 504	84 729	143 107	31 783	2 769	292 893
面积百分比(%)	10.4	28.9	48.9	10.9	0.9	100

(四)包气带岩性V

包气带岩性控制着入渗水在包气带内的各种物理化学过程(如降解、吸附、沉淀、络合、中和、生物降解)。包气带介质颗粒越小,则到达含水层的污染物数量越少,地下水脆弱性越低。对于潜水含水层,当有多层介质存在时,应考虑包气带各层介质的相对厚度和颗粒大小,选择厚度最大或颗粒最细、厚度较大的一组作为包气带介质。

根据DRAV模型的评分原则,塔里木盆地包气带岩性的赋分为2~10,加权得分为0.68~3.4(见表3-9和彩图3-12)。

表3-9　塔里木盆地包气带岩性V脆弱性评分

包气带岩性	砂砾石	粉细砂	亚砂土	亚黏土	合计
赋分	10	7	4	2	
加权得分	3.4	2.38	1.36	0.68	
面积(km^2)	58 261	206 920	23 292	4 421	292 893
面积百分比(%)	19.9	70.6	8	1.5	100

三、脆弱性指数的确定

在获得了DRAV模型的4个指标在研究区的评分图后,在GIS平台上利用空间分析技术将4张评分图叠加,得到塔里木盆地孔隙潜水的脆弱性分区图(见彩图3-13),共计5 001个图斑,脆弱性指数范围为2.14~9.4。在彩图3-13中,把塔里木盆地潜水的脆弱性得分划分为4个区段(无≤2的区段),按照得分由低到高的顺序依次为:2~4、4~6、6~8和>8(见表3-10)。应该指出,这种对脆弱性得分的等间距划分有助于认识不同地区地下水脆弱性的相对大小(黄鹄等,2005)。

表 3-10 塔里木盆地潜水脆弱性分级

脆弱性指数 VI_i	>8	6 ~ 8	4 ~ 6	2 ~ 4	≤2	合计
脆弱性状态	极高脆弱性	高脆弱性	中等脆弱性	低脆弱性	极低脆弱性	
面积(km^2)	708	26 991	235 581	29 613	0	292 893
面积百分比(%)	0.24	9.22	80.43	10.11	0	100.00

四、脆弱性评价结果

由彩图 3-13 可得出以下结论:

(1) 经统计,塔里木盆地平原区潜水脆弱性指数在 2 ~ 4、4 ~ 6、6 ~ 8 和 >8 的区域面积分别占塔里木盆地平原区总面积的 10.11%、80.43%、9.22% 和 0.24%。

(2) 在塔里木盆地平原区内潜水脆弱性指数在后 2 个区段(6 ~ 8 和 >8)的区域(即脆弱性相对较高的区域)主要位于薄土层(包气带地表土壤层厚度仅为 20 ~ 30 cm,其下部主要为砂砾石)和粉细砂层灌区,上述地区包气带中基本缺失亚砂土和亚黏土,同时灌溉水入渗补给量较大。

(3) 在塔里木盆地平原区内低脆弱性潜水主要位于亚砂土和亚黏土层的非灌区,上述地区包气带中亚砂土或亚黏土层较厚,基本不存在灌溉水的入渗补给,大气降水补给也极其有限。

第三节 DRAV 模型评价结果与地下水污染现状评价结果的一致性分析

一、地下水污染起始值的确定

依据 2002 年 4 ~ 8 月塔里木盆地地下水水质统一监测数据,分别确定塔里木盆地各流域的地下水污染起始值,鉴于塔里木盆地地下水的可能主要污染源来自农业和石油、天然气开采业,选择水质指标为 $K^+ + Na^+$、Ca^{2+}、Mg^{2+}、$NH_4^+ - N$、Cl^-、SO_4^{2-}、HCO_3^-、F^-、COD_{Mn}、C_6H_5OH、总硬度、TDS 和 pH 值等 13 项。

在保证样品采取和样品分析质量的基础上,对各流域地下水采样点的全部分析数据进行背景值的一致性检验,剔除异常值和可能污染值,并按流域对地下水各水质指标含量的概率分布类型进行拟合适度检验,根据不同的分布类型采用不同方式表示其环境背景值,进而确定污染起始值。

(一)异常值的判断与剔除

因各地下水背景值统计单元(流域)地下水样采集点均小于 100,判断异常值的方法采用格鲁布斯(Grubbs)法。

格鲁布斯(Grubbs)检验法根据下式计算统计量值

$$G = (X_k - \overline{X})/S^2 \tag{3-2}$$

式中：G 为统计量值；X_k 为样本中的可疑值；$\overline{X}$为包括可疑值在内的样本平均值；S^2 为包括可疑值在内的样本标准差。

查格鲁布斯检验临界值表（见表3-11），若 $G > G_{\alpha,n}$，则为异常值，需要剔除。

表3-11　格鲁布斯法检验临界值 $G_{\alpha,n}$ 值

n	α		n	α		n	α	
	0.05	0.01		0.05	0.01		0.05	0.01
3	1.15	1.16	13	2.33	2.61	23	2.62	2.96
4	1.46	1.49	14	2.37	2.66	24	2.64	2.99
5	1.67	1.75	15	2.41	2.70	25	2.66	3.01
6	1.82	1.94	16	2.44	2.75	30	2.74	3.10
7	1.94	2.10	17	2.48	2.78	35	2.81	3.18
8	2.03	2.22	18	2.50	2.82	40	2.87	3.24
9	2.11	2.32	19	2.53	2.85	50	2.96	3.34
10	2.18	2.41	20	2.56	2.88	60	3.41	3.63
11	2.23	2.48	21	2.58	2.91	80	3.52	3.74
12	2.28	2.55	22	2.60	2.94	100	3.57	3.89

（二）地下水水质指标含量频数分布类型的拟合适度检验

判断地下水水质指标含量频数分布类型的拟合适度检验方法采用夏皮洛－威尔克（Shapiro－Wilk）检验法，即W检验法，取显著性水平为 $\alpha = 0.05$。

（三）地下水环境背景值特征数的计算

环境背景值特征数包括含量分布类型、集中值、标准差、变异系数、68.3%置信区间、全距（含量范围）。郭晓静等（2010）确定了塔里木盆地各流域地下水环境背景值特征数。

1. 组分含量呈正态分布

集中值为算术平均值

$$\overline{X} = \frac{1}{n}\sum_{i=1}^{n} X_i \tag{3-3}$$

标准差为算术标准差

$$S = \sqrt{\frac{\sum_{i=1}^{n}(X_i - \overline{X})^2}{n-1}} \tag{3-4}$$

变异系数

$$C_V = S/\overline{X} \tag{3-5}$$

2. 组分含量呈对数正态分布

集中值为几何平均值

$$\overline{X}_n = \left(\prod_{i=1}^{n} X_i\right)^{\frac{1}{n}} \tag{3-6}$$

标准差为几何标准差 S_n

$$S_{\ln X} = \sqrt{\frac{\sum_{i=1}^{n}(\ln \overline{X}_i - \ln X_i)^2}{n-1}} \tag{3-7}$$

将 $S_{\ln X}$ 取反对数得几何标准差 S_n。

变异系数为 $C_V = \sqrt{e^{(S_{\ln x})^2} - 1}$　(3-8)

3.组分含量服从偏态分布

集中值为中位数(M_i):

当 n 为奇数时,M_i = 第 $\frac{n+1}{2}$ 个含量值;

当 n 为偶数时,$M_i = \frac{1}{2}$[第 $\frac{n}{2}$ 个变量值 + 第($\frac{n}{2}+1$)个变量值]　(3-9)

标准差为

$$S = X_{0.841} - X_{0.5} \tag{3-10}$$

变异系数为

$$C_V = S/M_i \tag{3-11}$$

式中:$X_{0.841}$ 为累积频率 84.1% 对应的组分含量值;$X_{0.5}$ 为累积频率 50% 对应的组分含量值。

4.组分含量低于检测限时

当检出率 $E \geq 80\%$ 时,取检测下限的 0.7 倍参加背景值统计计算;当 $50\% \leq E < 80\%$ 时,取中位数表示组分含量的集中值;当 $E < 50\%$ 时,取方法检测下限表示组分含量的集中值。

(四)各流域地下水污染起始值的计算

依据各流域的地下水环境背景值(郭晓静等,2010),确定各流域地下水污染起始值 X_0,详见表 3-12。

表 3-12　塔里木盆地各流域地下水污染起始值统计

组分	阿克苏河流域	车尔臣河流域	和田河流域	喀什噶尔河流域	开都河-孔雀河流域	克里亚诸小河	塔里木河干流区	渭干河流域	叶尔羌河流域
$K^+ + Na^+$	343.80	737.82	1 112.03	258.62	540.51	313.24	564.54	162.33	401.25
Ca^{2+}	153.49	229.52	221.74	122.38	404.16	153.17	361.86	153.18	190.98
Mg^{2+}	113.05	99.71	266.50	60.50	132.43	57.07	377.40	866.02	142.37
$NH_4^+ - N$	0.03	0.01	0.01	0.19	0.10	0.01	0.21	—	0.53
Cl^-	774.10	534.6	1 263.46	210.5	760.99	387.76	869.30	220.94	1 006.72
SO_4^{2-}	954.75	1 057.56	958.51	561.25	945.01	536.51	1 022.49	340.64	1 459.00
HCO_3^-	478.9	520.99	814.31	212.3	252.22	332.61	636.54	281.72	460.96
F^-	2.14	1.51	1.28	1.25	0.27	2.11	—	1.88	1.51

续表 3-12

组分	阿克苏河流域	车尔臣河流域	和田河流域	喀什噶尔河流域	开都河－孔雀河流域	克里亚诸小河	塔里木河干流区	渭干河流域	叶尔羌河流域
COD_{Mn}	0.75	0.68	1.00	0.82	0.91	0.89	1.32	0.75	1.29
C_6H_5OH	0.001	0.001	0.001	0.001	0.001	0.001	0.001	—	0.001
总硬度	953.68	846.45	944.4	647.69	1 834.28	568.68	1 352.22	881.76	988.69
TDS	3.00	3.01	4.53	1.46	3.80	1.63	3.08	1.66	2.17
pH 值	8.05	8.17	8.17	8.51	8.49	8.24	7.98	8.06	7.76

注:1. pH 值无单位,TDS 单位为 g/L,其他组分单位为 mg/L。
2. "—"表示无资料。

(1)组分含量呈正态分布

$$X_0 = \overline{X} + 2S \tag{3-12}$$

(2)组分含量呈对数正态分布

$$X_0 = \overline{X}_n \times 2S_n \tag{3-13}$$

(3)组分含量服从偏态分布。

X_0 取累积频率为 95% 对应的含量值。

(4)组分含量低于检测限。

X_0 取检测限。

二、地下水水质污染现状评价

(一)地下水水质污染现状评价方法

地下水水质污染程度按照地下水污染指数 PI 来评价,PI 由下式计算

$$PI = C_i / X_{0i} \tag{3-14}$$

式中:PI 为某水质监测项目 i 的污染指数;C_i 为项目 i 的监测值;X_{0i} 为项目 i 的污染起始值。

根据污染指数 PI,将地下水污染程度划分为:未污染,$PI \leqslant 1$;轻度污染,$1 < PI \leqslant 2$;中度污染,$2 < PI \leqslant 3$;重度污染,$PI > 3$。

(二)地下水污染现状评价结果

地下水水质污染项目主要为氨氮、Cl^- 和总大肠菌群。在 164 个取样点中,污染点 59 个(占 36.0%),其中轻度污染点 28 个(占 17.1%)、中度污染点 4 个(占 2.4%)、重度污染点 9 个(占 5.5%)、明显污染点(中度和重度污染点)13 个(7.9%),由此说明塔里木盆地平原区地下水基本未受到明显的污染,详见彩图 3-14。

三、地下水脆弱性评价结果与地下水污染现状评价结果一致性分析

从彩图 3-14 可以看出:地下水水质中度和重度污染点有 10 个点(占 13 个中度和重度污染点的 77%)分布在脆弱性指数大于 6 的地段,即 DRAV 模型评价结果与流域地下水污染现状评价结果基本一致。由此说明,本书提出的 DRAV 模型评价流域地下水脆弱

性是可行的。

第四节　地下水水质保护措施

在塔里木盆地内开展地下水环境保护工作时，要坚持“预防为主，防治结合”的原则。在工业布局和灌区规划时尽量避开地下水高脆弱性地区，减少由于规划不合理而造成地下水的污染；地下天然气管网和输油管道穿越潜水高脆弱性区时应切实做好防渗漏（泄漏）工作；在潜水高脆弱性地区的石油勘探与开采场地，应切实做好场地的环境保护工作；位于潜水高脆弱性区域的灌区应大力发展高效节水灌溉技术（如膜下滴灌技术等），减少灌溉水入渗补给量，减少或避免产生水肥的深层漏失。

第五节　小　结

在深入分析内陆干旱区地下水脆弱性影响因素的基础上，确定了流域地下水脆弱性评价指标为地下水埋深 D、含水层净补给量 R、含水层特性 A 和包气带岩性 V；构建了基于传统水文地质成果的流域地下水脆弱性评价模型——DRAV 模型；将国内外 8 位学者基于 5 ~ 7 个指标提出的权重归并为 DRAV 模型的 4 个指标，归一化处理后得到 DRAV 模型的权重分别为 0.20、0.15、0.31、0.34。

建立了塔里木盆地平原区 DRAV 模型的分级赋分体系；在 GIS 技术平台上计算了地下水脆弱性指数，依据脆弱性指数，将地下水脆弱性划分为极低脆弱性（脆弱性指数≤2）、低脆弱性（脆弱性指数 2 ~ 4）、中等脆弱性（脆弱性指数 4 ~ 6）、高脆弱性（脆弱性指数 6 ~ 8）和极高脆弱性（脆弱性指数 >8）。评价结果表明：塔里木盆地平原区潜水脆弱性指数在≤2、2 ~ 4、4 ~ 6、6 ~ 8 和 >8 的区域面积分别占塔里木盆地平原区总面积的 0、10.11%、80.43%、9.22% 和 0.24%，脆弱性指数在后 2 个区段（6 ~ 8 和 >8）的区域（即脆弱性相对较高的区域）主要位于薄土层（包气带地表土壤层厚度仅为 20 ~ 30 cm，其下部主要为砂砾石）和粉细砂层灌区，上述地区包气带中基本缺失亚砂土和亚黏土，同时灌溉水入渗补给量较大。

确定了塔里木盆地平原区各流域地下水 $K^+ + Na^+$、Ca^{2+}、Mg^{2+}、$NH_4^+ - N$、Cl^-、SO_4^{2-}、HCO_3^-、F^-、COD_{Mn}、C_6H_5OH、总硬度、TDS 和 pH 值等 13 项水质指标的污染起始值，对监测井的地下水水质污染现状进行了评价；地下水脆弱性评价结果与地下水污染现状评价结果一致性分析表明：在 13 个中度和重度污染点中有 10 个点（占 77%）分布在脆弱性指数大于 6 的地段，即 DRAV 模型评价结果与流域地下水污染现状评价结果基本一致。

第四章 基于遥感技术的县域地下水脆弱性评价方法及应用

在现代水文地质勘察与研究中,广泛应用遥感(RS)技术,在县域(县市级行政区范围)地下水调查、开发利用规划、盐碱地治理规划中积累了丰富的精度较高的土地利用遥感解译图件。将土地利用遥感解译成果应用于县域地下水脆弱性评价与制图,有助于提高县域地下水脆弱性评价与制图的精度。

遥感技术是从远距离感知目标反射或自身辐射的电磁波、可见光、红外线等目标进行探测和识别的技术。人造地球卫星发射成功,大大推动了遥感技术的发展。现代遥感技术主要包括信息的获取、传输、存储和处理等环节。

在第三章中,本书对 DRAV 模型的构建及其在具有较完整自然单元的流域尺度上的应用作了论述,揭示了塔里木盆地平原区流域尺度潜水脆弱性的分区特点。不难看出,在 DRAV 模型中没有着重考虑人类活动(以土地利用方式的改变为其重要特征),在一定意义上可以认为是固有脆弱性的评价模型。土地利用方式的改变直接影响到垂向地下水补给量和污染源及污染物种类与数量的改变,在城市或县域地下水脆弱性评价与制图中应充分考虑土地利用方式对地下水脆弱性的影响。

第一节 基于遥感技术的县域地下水脆弱性评价模型——VLDA 模型的提出

分析控制地下水脆弱性的诸多因素,不难看出:地下水脆弱性主要受包气带岩性 V(包括 DRASTIC 模型中的土壤介质和包气带两个指标,控制着入渗水在包气带内的各种物理化学过程)、土地利用方式 L(包括 DRASTIC 模型中的含水层净补给量和地形两个指标,决定了单位面积上的用水量或排水量、用水或排水过程及污染源的种类与污染物的数量)、地下水埋深 D(决定了污染物与包气带介质的接触时间,并控制着地表污染物到达含水层之前所经历的各种水文地球化学过程及物理化学过程)、含水层特征 A(包括 DRASTIC 模型中的含水层介质和水力传导系数两个指标,深刻地影响着污染物进入含水层后,污染物随地下水的渗流路径)影响。因此,可以用包气带岩性 V、土地利用方式 L、地下水埋深 D 和含水层特征 A 等 4 个指标来评价地下水脆弱性,即 VLDA 模型。

每个指标可根据其对地下水脆弱性影响的重要性赋予相应的权重。当前对脆弱性的评价并没有统一的方法,也没有统一的评价标准。基于通用性、可理解性和可读性,本书采用综合指数评价法,脆弱性综合评价指数 DI 为以上 4 个指标的加权总和,其指数计算公式为

$$DI = \sum_{j=1}^{m} (W_{ij} R_{ij}) \tag{4-1}$$

式中：DI 为地下水脆弱性系统中第 i 个子系统的综合评价指数；W_{ij} 为第 i 个子系统中第 j 个评价指标的权重，其中 $\sum_{j=1}^{m} W_{ij} = 1$；$R_{ij}$ 为第 i 个子系统中第 j 个评价指标的量值；m 为选用指标的数量，取 $m = 4$。

根据综合评价指数 DI 可以进行地下水脆弱性分区，DI 越大，地下水脆弱性越高。按照通常对分数等级优劣的判别，地下水脆弱性评价结果采用等间距方法分级，将评价结果分为 5 个等级：极低脆弱性、低脆弱性、中等脆弱性、高脆弱性和极高脆弱性。

第二节　指标权重的确定

不同学者在进行地下水脆弱性评价时采用的权重不尽一致。

Aller 等(1987)在应用 DRASTIC 模型时，给出的地下水埋深、含水层净补给量、含水层介质、土壤介质、地形、包气带、水力传导系数的权重分别为 5、4、3、2、1、5、3。对应于 VLDA 模型中的包气带岩性 V、土地利用方式 L、地下水埋深 D、含水层特性 A 的权重分别为 7、5、5、6，归一化处理后，权重分别为 0.304、0.217、0.217、0.261。

Ibe 等(2001)在应用 DRASTIC 模型时，给出的地下水埋深、含水层净补给量、含水层介质、土壤介质、地形、包气带、水力传导系数的权重分别为 5、3、3、2、1、5、4。对应于 VLDA 模型中的包气带岩性 V、土地利用方式 L、地下水埋深 D、含水层特性 A 的权重分别为 7、4、5、7，归一化处理后，权重分别为 0.304、0.174、0.217、0.304。

Dixon(2005b) 在应用 DRASTIC 模型时，给出的地下水埋深、含水层净补给量、含水层介质、土壤介质、地形、包气带、水力传导系数的权重分别为 5、4、3、5、3、4、2。对应于 VLDA 模型中的包气带岩性 V、土地利用方式 L、地下水埋深 D、含水层特性 A 的权重分别为 9、7、5、5，归一化处理后，权重分别为 0.346、0.269、0.192、0.192。

Bukowski 等(2006)在应用 DRASTIC 模型时，给出的地下水埋深、含水层净补给量、含水层介质、土壤介质、地形、包气带、水力传导系数的权重分别为 3、4、4、3～5(中值 4)、1～3(中值 2)、4～5(中值 4.5)、2～3(中值 2.5)。对应于 VLDA 模型中的包气带岩性 V、土地利用方式 L、地下水埋深 D、含水层特性 A 的权重分别为 8.5、6、3、6.5，归一化处理后，权重分别为 0.354、0.250、0.125、0.271。

Panagopoulos 等(2006)在应用 DRASTIC 模型时，给出的地下水埋深、含水层净补给量、含水层类型、地形、包气带影响权重分别为 3、1、5、2、2.5。对应于 VLDA 模型中的包气带岩性 V、土地利用方式 L、地下水埋深 D、含水层特性 A 的权重分别为 2.5、3、3、5，归一化处理后，权重分别为 0.185、0.222、0.222、0.370。

Nobre 等(2007)在应用 DRASTIC 模型时，给出的地下水埋深、含水层净补给量、含水层介质、土壤及土地利用与覆盖、地形、水力传导系数的权重分别为 5、4、3、3、3、2。对应于 VLDA 模型中的包气带岩性 V、土地利用方式 L、地下水埋深 D、含水层特性 A 的权重分别为 3、7、5、5，归一化处理后，权重分别为 0.150、0.350、0.250、0.250。

Guo 等(2007)在应用 DRARCH 模型时，给出的潜水埋深、净补给量、含水层厚度、包气带黏土层厚度占总厚度比例、包气带沉积物的污染物吸附系数和含水层水力传导系数的权重分别为2、1、7、9、7、5。对应于VLDA模型中的包气带岩性*V*、土地利用方式*L*、地下水埋深*D*、含水层特性*A*的权重分别为16、1、2、12,归一化处理后,权重分别为0.516、0.032、0.065、0.387。

Mohammadi等(2009)在应用DRASTIC模型时,给出的地下水埋深、含水层净补给量、含水层介质、土壤介质、地形、包气带、水力传导系数的归一化平均有效权重(Mean Effective Weight)分别为0.130、0.203、0.096、0.121、0.099、0.213、0.138。对应于VLDA模型中的包气带岩性*V*、土地利用方式*L*、地下水埋深*D*、含水层特性*A*的权重分别为0.334、0.302、0.130、0.234。

综上所述,在VLDA模型中的包气带岩性*V*、土地利用方式*L*、地下水埋深*D*、含水层特性*A*的归一化权重取上述归一化处理后权重的算术平均值,即分别取0.312、0.227、0.177、0.284(见表4-1)。

表4-1 VLDA模型评价内陆干旱区地下水脆弱性时各指标的权重

评价指标	包气带岩性*V*	土地利用方式*L*	地下水埋深*D*	含水层特性*A*
权重	0.312	0.227	0.177	0.284

第三节 应用VLDA模型评价焉耆县平原区潜水脆弱性

一、焉耆县平原区地下水脆弱性影响因素分析

(一)地理位置及行政区划

1. 地理位置

焉耆回族自治县(简称焉耆县)位于新疆天山南麓焉耆盆地的腹地。地理坐标为东经85°13′19″~86°44′00″、北纬41°45′31″~42°20′45″。东南部与博湖县毗邻,北部与和静县接壤,东北部与和硕县相接,南部与库尔勒市相连。全县东西跨度1°30′41″,长131.13 km,南北跨度0°35′14″,宽64.83 km,总面积2 570.88 km^2,平原区面积为803.60 km^2。开都河由西北向东南径流,横穿全境。南疆铁路、314国道、和(和硕)库(库尔勒)高速公路贯穿全县,有通往和静县、博湖县和各乡镇的柏油公路,交通十分便利,详见彩图4-1。

2. 行政区划

焉耆原系西域古国,又叫乌耆、乌缠、阿耆尼,国都曾设在员渠城。焉耆县汉朝时属西域都护府,唐朝时属安西都护府,清朝设焉耆府,1913年改为县。1953年建立回族自治区,1955年改为自治县,县人民政府设在焉耆镇。焉耆县辖有焉耆、北大渠、五号渠、永宁、四十里城子、包尔海、查汉采开、七个星等8个乡(镇)及县良种场、王家庄牧场和巴州劳改农场等基层单位。新疆生产建设兵团农二师二十一团、二十七团场也在该县境内。

(二)地形地貌

焉耆盆地是天山南麓的一个半封闭的山间盆地,周边是上古生界围绕的山地。盆地海拔1 045~1 210 m,盆地唯一出口在铁门关峡谷,海拔1 000 m左右。地形总趋势为北

高南低,西高东低,由北、北西向南、南东倾斜,博斯腾湖(简称博湖)为盆地的汇水中心,正常水位为1 047 m。

区域地貌特征可划分为剥蚀低山丘陵区、冲洪积扇区、开都河冲积平原区和博斯腾湖四个地貌单元。

1. 剥蚀低山丘陵区

剥蚀低山丘陵区位于评价区西侧霍拉山一带,海拔1 120 ~ 3 800 m,山区沟谷发育,侵蚀切割作用强烈,为光秃的带状丘陵地。由第三纪杂岩组成,泥岩、砂岩构成地下水径流的阻水屏障。

2. 冲洪积扇区

冲洪积扇区分布在山前,宽10 ~ 15 km的条带内,地表为戈壁砾石,海拔1 100 ~ 1 400 m。上部地形坡降大(一般为5‰ ~ 8‰),地表切割深度一般为0.5 ~ 1.5 m,最深可达数十米;戈壁砾石带中部较平缓(坡降一般为3‰ ~ 5‰),切割微弱。

3. 开都河冲积平原区

开都河出山口后,在海拔1 100 m以下的广阔沉降区,大量物质堆积成开都河三角洲。第四纪以来的地壳运动,使西部抬升,东部下降,导致三角洲由西向东迁移,形成不同时期的三个三角洲。古三角洲位于山口至上游乡东部,地表为粗砂、细砂及黄土、砾石等相间分布,坡降2.5‰。在古三角洲东南为近代三角洲,在乌拉斯台农场、大巴伦渠、二十一团和二十二团一带,坡降1‰,上部物质以亚砂土、粉砂为主,其东北部分往往与乌拉斯台河、黄水沟冲积物交互沉积;宝浪苏木闸以南为开都河现代三角洲,地势较为平坦(坡降一般为1‰ ~ 3‰),在三角洲边缘形成弧形盐碱滩,再往外为湖滨沼泽或芦苇沼泽带。

4. 博斯腾湖

博斯腾湖由开都河、黄水沟、乌拉斯台河汇入而成。湖水位在1 045.0 ~ 1 048.8 m波动。它是焉耆盆地地表水和地下水的汇流基准面,同时又是盆地地表水反调节水库和下游孔雀河的调节水库,具有承上启下的巨大调节功能。

(三)土地利用现状

通过遥感(RS)图像解译编制土地利用状况图,可以获取动态的各类土地利用(耕地、林地、草地、城镇位置及大小、垃圾场等)的状况数据。

依据2008年7月遥感图像解译获得焉耆县平原区土地利用现状图(见彩图4-2),焉耆县平原区土地利用方式包括城镇、农村居民点、耕地、弃耕地、天然植被、未利用荒地等。焉耆县现有土地总面积为2 440.74 km^2(其中兵团90.87 km^2),其中平原灌区面积为803.60 km^2(其中地方733.45 km^2,兵团70.15 km^2),详见表4-2。

(四)气象

焉耆盆地深居欧亚大陆腹地,远离海洋,四周高山环绕,属典型的中温带大陆性干旱气候。气候特点是:干旱少雨,蒸发强烈,多晴天,日照时间长。

焉耆县气候具有南北疆过渡的特征,即寒暑悬殊、降水量少、蒸发量大、干燥而多风。因博斯腾湖的调节作用,盆地湿度较邻区高。气象要素详见表4-3。

表 4-2　焉耆县平原灌区土地利用状况一览

利用类型	草地	城镇	戈壁	耕地	河流	芦苇沼泽	农村居民点	小湖	盐碱地	合计
面积(km^2)	74.28	8.34	82.90	484.06	6.60	14.47	25.01	42.12	65.82	803.60

注:据 2008 年卫片(分辨率 30 m)解译结果。

表 4-3　焉耆气象站气象要素

气象要素	数值	气象要素		数值
年蒸发量(mm)	1 887.4	无霜期	平均(d)	175
年平均降水量(mm)	72.3		最长(d)	198
全年生理辐射总量(亿 J/(m^2·a))	32.82		最短(d)	132
太阳辐射总量(亿 J/(m^2·a))	65.65	年平均日照(h)		3 128.9
年平均气温(℃)	8.2	日照百分率(%)		70
1 月平均气温(℃)	-12.7	年绝对湿度(hPa)		6.8
7 月平均气温(℃)	22.8	年积温(℃)		
极端最高气温(℃)	38.4	多年风向		西北
极端最低气温(℃)	-35.2	年平均风速(m/s)		2.3
80% 保证率≥10(℃)	2 978.5	年最大冻土深度(cm)		95

据焉耆气象站观测资料,多年平均气温 8.2 ℃,极端最低气温 -35.2 ℃,极端最高气温 38.4 ℃,无霜期 175 d,最大冻土深度 95 cm。多年平均降水量为 72.3 mm,最大降水量为 142.1 mm(1992),最小降水量为 16.2 mm(1958)。夏季降水量占全年降水量的 60%,冬季降雪很少,一年中降雪最多的为 1 月份,为 3.3 d。全年最大积雪深度 10 ~ 17 cm,积雪日平均为 23.3 d。多年平均蒸发量为 1 887.4 mm,最大为 2 081.4 mm(1968),最小为 1 692.9 mm(1991),详见表 4-4。

表 4-4　焉耆气象站多年月平均气温、月平均降水量、月平均蒸发量汇总

项目	1 月	2 月	3 月	4 月	5 月	6 月	7 月	8 月	9 月	10 月	11 月	12 月	平均或合计
平均气温(℃)	-11.8	-5.9	3.5	12.0	18.1	21.7	22.9	21.9	16.7	8.5	-0.8	-8.9	8.2
降水量(mm)	1.7	0.6	1.7	3.4	7.7	13.6	16.7	12.2	8.6	3.1	1.4	1.6	72.3
蒸发量(mm)	16.1	4.14	133.0	253.2	307.1	294.2	272.6	245.8	180.7	121.0	44.6	15.0	1 887.4

(五)水文

流经焉耆县境内的主要有两大水系,分别是开都河和霍拉沟(见彩图 4-1)。开都河

是焉耆县境内较大的天然水系，是地下水的主要补给源；霍拉沟是一条较大的季节性洪水沟，它也对地下水构成一定的补给。

根据开都河大山口水文站多年实测资料，开都河具有以下特点：

(1)开都河大山口站多年平均流量为110.2 m^3/s，多年平均径流量为34.86亿m^3/a。焉耆站多年平均流量为81.9 m^3/s，多年平均径流量为25.84亿m^3/a，年内径流不均，4～9月为丰水期，占全年径流量的73.2%，其中汛期6～8月径流量占全年径流量的45%，10～3月为枯水期，占全年径流量的26.8%，是巴州各河流中水量变化最平稳的一条河流，见表4-5。

表4-5　开都河月平均流量统计

水文站	月平均流量(m^3/s)												多年平均流量(m^3/s)	多年平均径流量(亿m^3/a)
	1月	2月	3月	4月	5月	6月	7月	8月	9月	10月	11月	12月		
大山口站	49	46.1	48.2	108	143	192	214	192	123	88.3	66.7	52.6	110.2	34.86
焉耆站	46.6	51.6	52.5	75.3	87.9	132.1	155	140	69.6	52.7	64.0	53.1	81.9	25.84
宝浪苏木(东)	32.7	34.3	29.3	34	46.5	94.2	112	100	40.4	15.2	37.2	41.5	51.4	16.26
宝浪苏木(西)	16.5	15.8	24.6	30.3	30.4	42.5	46.5	39.8	24.4	20.2	23.0	18.4	24.3	8.76

(2)河道径流：主要由融雪降雨补给，4～9月降雨量占全年降雨量的80%～90%，最大日降雨量达40余mm(1958年8月13日)。山区流域径流系数为0.5。

霍拉沟是流入焉耆盆地的小河沟之一，发源于巴州北部中天山山脉——霍拉山北坡。集水面积为450 km^2，流域平均宽度为6.11 km，长度为宽度的12倍，属于狭长的羽形流域。霍拉沟流域多年平均年降水量为168 mm，多年平均径流量为0.3亿m^3/a。

(六)社会经济概况

焉耆县现有4个镇、4个乡和2个场，另有新疆生产建设兵团二十一团场和二十七团场。

1.人口状况

据《巴音郭楞蒙古自治州领导干部手册·2009》，2008年全县总人口13.098 0万人，其中农业人口7.467 2万人，非农业人口5.630 8万人。

2.社会经济条件

焉耆县社会经济以农业为主、农牧结合。农作物有甜菜、小麦、玉米、油料、西红柿等。2008年全县(不含兵团)国内生产总值(现行价)23.502 9亿元，人均国内生产总值18 177元。其中第一产业7.209 1亿元，第二产业7.605 5亿元，第三产业8.688 3亿元。农牧民人均纯收入 5 929 元。

（七）植被与土壤现状

1. 植被现状

焉耆盆地边缘山前洪积砾石、砂砾石戈壁带，植被稀少，以合头草、席氏、盐爪爪、麻黄、琵琶柴、棱核、白刺等荒漠植被为主。平原区植被覆盖度相对较高，植被除人工种植的粮食、经济作物外，野生植物可分为六大类：①农田杂草有狗尾草、苦豆子、骆驼刺、燕麦、滨草、英友、芦苇、灰黎等 23 种常见植物；②荒漠植被有麻黄、梭梭、沙拐枣、骆驼刺、假木贼等；③盐漠植被有盐穗木、盐节木、苏枸杞、柽柳等；④草甸植被有芦苇、发发草、马兰、罗布麻等；⑤沼泽植被有三棱草、水葱、香蒲、芦苇等；⑥平原林植被有榆树、杨树、河柳、胡杨和柽柳等。

2. 土壤现状

焉耆盆地边缘山前洪积扇群区，为砾石、砂砾石戈壁带。盆地平原区从山前至博湖土壤分布依次为：棕漠土—灌耕棕漠土—灌耕土或灌淤土—潮土—灌耕草甸土—草甸盐土—典型盐土—盐化沼泽土—湖泊，其间有风沙土分布，特别是湖的东、南沿岸均为风积沙包组成的沙漠带，在灌耕草甸土以下，均有潜育现象发生。在灌区因过量灌溉使潜水位上升、蒸发加强，灌区土壤次生盐渍化普遍。

（八）地层岩性

焉耆县平原区主要出露新近系和第四系，由老到新简述如下。

1. 新近系中新统桃树园组（N_1）

该层出露于七个星镇以西的霍拉山和西北的七个星背斜核部。岩性为浅红色、砖红色砾岩、砂砾岩、泥质粉砂岩、浅灰色泥岩、砂岩夹泥岩。七个星背斜南翼产状 305°SW∠49°，上部多覆盖砂砾石，在七个星镇以北和东北部开都河古冲洪积扇一带埋深在 250 m 左右。新近系自西向东由出露到埋藏地表以下，其埋深由浅变深，构成开都河北岸地区第四系下部的连续稳定底板。

2. 第四系下更新统西域组洪积物（Q_1^{pl}）

该层主要出露七个星背斜两翼和西南侧霍拉山山麓，岩性为半胶结砂砾岩，该层不整合于新近系之上，分布面积不大，出露厚度 50 m 左右。

3. 第四系中更新统乌苏群冲洪积物（Q_2^{al-pl}）

该层在规划区地表未出露，埋藏于地下，埋深一般在 120 m 以下，岩性主要为含砾中粗砂和中细砂，其次为粉质砂土和粉质黏土，结构密实，砾石磨圆度较差，粒径一般 3 ~ 9 cm，该层厚度大于 100 m。

4. 第四系上更新统新疆群洪积物（$Q_3{}^{pl}$）

该层主要分布在霍拉山山前倾斜平原区及开都河古洪积扇，岩性大部分为单一的卵砾石，向东渐变为砾石与土层互层结构，厚度为 30 ~ 200 m，卵砾石粒径一般达 3 ~ 5 cm，多呈椭圆状，为本区水量较丰富的含水层。

5. 第四系上更新统全新统冲、洪积物（Q_{3-4}^{al-pl}）

该层分布于霍拉山沟口的开都河老冲洪积扇上，岩性为单一砂卵砾石，厚度较大。接近扇缘地带，地表覆盖有薄层的砂壤土层，堆积厚度不均，一般在 0 ~ 4 m。

6. 第四系上更新统全新统冲积物(Q_{3-4}^{al})

该层主要分布在开都河河谷及下游冲积平原一带,含水层粒径由西、西北向南、东南方向由粗变细,为河流相的沉积物,岩性为砂砾石、含砾中粗砂。地表为黏土及粉质黏土,其下部为含砾中粗砂,由东北向西南从单一卵砾石层渐变为砾石与土层互层结构。

7. 第四系全新统沼泽沉积物(Q_4^h)

该层分布于查汗开采乡以西、良种场以东一带,呈南北向不规则分布。表层为黑色淤泥或腐殖土,下部为中细砂层、粉土和黏土互层结构,砂层以下为 Q_3^{pl} 的砂卵砾石层。

8. 第四系全新统风积物(Q_4^{eol})

该层主要分布于七个星镇与包尔海乡之间,分布面积较小,多为半固定草灌木沙丘,沙丘高 2 ~5 m,为土黄色粉细砂。

焉耆县平原区包气带岩性(组合)主要为砾砂、粉土/粉细砂、粉土/粉砂、粉土/亚黏土,分布状况见彩图 4-3。

(九)水文地质条件

1. 地下水的赋存与分布

焉耆县平原区地下水为第四系松散岩类孔隙水,储存在冲积、洪积卵砾石、砂砾石及砂层中,形成了孔隙潜水及多层承压含水层。

根据平原区水文地质条件的不同可分为开都河古冲积扇区、开都河冲积平原中游区和开都河冲积平原下游区。

(1)开都河古冲积扇区。位于七个星镇及良种场一带,第四系冲积层厚度自西向东由 200 m 增加到 300 m,颗粒由粗变细,地下水类型由单一潜水含水层过渡到潜水——多层承压含水层。据已有勘探资料分析,七个星镇以西的开都河古河道及霍拉山、七个星背斜的山前地带为单一结构的潜水含水层。含水层岩性为砂卵砾石、含土砂砾石,水位埋深大于 10 m。到扇缘下游细土平原区变为多层结构含水层,潜水埋深 1 ~2 m,含水层厚度 10 m 左右;第一承压含水层埋深 15 m,岩性为中细砂,厚度约 20 m;第二承压水含水层埋深 45 m,岩性为泥质中砂、含砾中细砂,含水层厚度 20 m;第三承压含水层埋深 120 ~140 m,含水层厚度 20 ~50 m。据物探资料,180 ~200 m 以下埋藏的含水层岩性以含砾砂为主夹多层黏性土。在 200 m 深度内,单井涌水量 5 749 ~7 088 m^3/d,矿化度 0.5 g/L,水化学类型 $HCO_3-Ca\cdot Na$ 型。总的来看,该古冲积扇区补给径流条件好,含水层富水性和透水性均好。

(2)开都河冲积平原中游区。该区包括北大渠乡、查汗采开乡、包尔海乡、王家庄牧场、十一农场、二十七团等单位,含水层以中粗砂为主,其厚度占揭露厚度的 50% 以上,上部为潜水,下部为承压水。潜水层厚度 20 ~40 m,埋深 1 ~2 m,表层潜水为咸水,下部潜水水质淡,咸水发育深度在 10 m 以内。在 100 m 深度内,承压水可划分两层,第一承压含水层顶板埋深 20 ~40 m,第二承压含水层顶板 60 ~70 m。承压水矿化度小于 0.5 g/L,富水性中等,单位涌水量 3 ~10 L /(s · m)。100 m 以下深层承压水可自流,深层承压水顶板埋深在 120 m 以下,含水层为粗中砂,夹小砾石,含水层中细砂、粉细砂层增多,厚度变大,但未构成主要含水层。

(3)开都河冲积平原下游区。该区包括五号渠乡、焉耆镇、永宁乡、四十里城子镇等单位,含水层以中细砂、粉细砂为主,中粗砂次之,其厚度为揭露厚度的50%左右。潜水埋深1~1.5 m,表层潜水矿化度2~10 g/L。承压含水层分两层,上层顶板埋深20~30 m,下层顶板埋深40~70 m。

平原区地下水埋深状况见彩图4-4。各级地下水埋深分布状况如下:

(1)水位埋深小于1.0 m地段。仅分布于博斯腾湖沿岸,分布面积约84.28 km^2,占焉耆县平原灌区面积的10.49%。

(2)水位埋深1.0~2.0 m地段。分布于焉耆县大部分灌区内部,分布面积约519.40 km^2,占焉耆县平原灌区面积的64.63%。

(3)水位埋深2.0~3.0 m、3.0~5.0 m和大于5 m地段。分布于焉耆县七个星镇、良种场附近、开都河古冲积扇缘,分布面积分别为85.57 km^2、21.56 km^2、92.76 km^2,分别占焉耆县平原灌区面积的10.65%、2.68%、11.55%。

依据单井涌水量,焉耆县平原区含水层富水性划分为水量极丰富区、水量丰富区、中等富水区、弱富水区和水量微弱区,分布状况见彩图4-5。

2. 地下水补给、径流、排泄条件

1)地下水补给条件

地下水的补给主要包括侧向补给和垂向补给。侧向补给主要有上游地区边界地下水侧向流入;垂向补给主要有渠道渗漏和田间入渗,河道渗漏和降雨入渗补给甚微。

上游边界侧向补给:在县辖平原区西部,第四系松散沉积层厚度大,孔隙多,为地下水的赋存和运移提供了良好的条件,有利于侧向径流补给。在评价区西北部的和静县和北部的二十二团边界地下水侧向补给区内。

开都河渗漏补给:开都河河水与地下水的转换关系比较复杂,在不同河段和南北两岸各不相同,在焉耆县境内基本上是河水渗漏补给地下水。

渠系、田间入渗补给:焉耆县目前总灌溉面积达3.29万 hm^2(包括林地和草场),年总引水量约3.35亿 m^3,干、支、斗、农各级渠道遍布农田,为地下水补给创造了渗漏补给的空间和充足的水源条件。据资料记载,在新中国成立初期,全县地下水埋深平均在4~5 m,经过数年引水灌溉,目前地下水埋深在2 m左右,说明在地下水的补给来源中,渠系渗漏及田间水入渗量占到首位。今后随着全县节水灌溉技术的不断发展,渠系渗漏及田间水入渗量将会逐年减少。

降水入渗:焉耆县多年平均降水量为72.3 mm,有效降水量为42.2 mm,故对地下水的补给量极小,据计算,降水入渗量仅占总补给量的0.5%。

2)地下水径流条件

地下水水力坡度在开都河古冲积扇地区相对较大,约为5‰;冲积平原区上部为1‰左右,地下水位径流条件较好;在洪积平原区及冲积平原中下部,地下水水力坡度变小,径流条件稍差;在冲积平原下部,水力坡度更小,水流平缓,径流条件差。地下水在开都河南岸总体径流方向为自西北向东南径流,在开都河北岸为自西向东径流。

3)地下水排泄条件

地下水排泄的主要方式有潜水蒸发、侧向排泄和人工开采。

(1)潜水蒸发。地下水的蒸发是其主要排泄方式,由于平原区地下水埋深相对较浅,地下水的蒸发与入渗几乎同时发生。焉耆县平原区大多数地区地下水埋深在 2 m 以内，易产生强烈的蒸发排泄。

(2)侧向排泄。侧向排泄主要有三种形式：地下水通过排水渠向博斯腾湖及湖滨洼地排泄，向博湖县辖区侧向径流排泄，在溢出带溢出成为沼泽。

(3)人工开采。据调查，2007 年全县农业用水、居民生活用水及部分工业用水开采地下水总量约为 0.533 0 亿 m^3/a。

3. 地下水化学特征

焉耆县地下水水质变化主要受地形地貌、地层岩性、气候、土地开发利用状态、含水层岩性及地下水的补给、径流、排泄等因素的制约和影响。

开都河古冲积扇区：七个星镇西部、良种场北部、古冲洪积扇中上游区为地下水的补给区，地下水径流条件好，水交替作用强烈，蒸发作用微弱，溶滤作用强烈，矿化度小于 1 g/L，水化学类型主要为 $HCO_3-Ca \cdot Mg$ 型，向西南过渡为 $HCO_3 \cdot SO_4-Na$ 型，属淡水型，水质良好。

开都河南岸冲积平原区：七个星镇以东，地层岩性由单一的砂卵砾石层渐变为上更新－全新统冲积中粗砂、细砂、亚黏土互层结构，地势相对平缓，径流变慢，该区地下水位埋深浅，局部地下水位高出地表，含水层厚度在 40 m 左右，渗透系数 10～15 m/d。潜水类型为 $HCO_3 \cdot SO_4-Ca \cdot Na$ 或 $SO_4 \cdot Cl-Na \cdot Mg$ 型。矿化度小于 1 g/L 的地段主要分布在开都河沿岸，从开都河向西北，从七个星镇向东南，矿化度逐渐增大为 1～3 g/L 至 3～10 g/L，属微咸水、咸水类型，在中部四十里城子镇和南部博湖边缘，矿化度大于 10 g/L，形成小面积的高矿化区，属咸水、盐水类型。

开都河北岸冲积平原区：地层岩性主要是亚砂土、亚黏土，水化学类型主要为 $SO_4 \cdot Cl-Na \cdot Mg$ 或 $Cl \cdot SO_4-Na$ 型水，局部为 $HCO_3 \cdot SO_4-Ca \cdot Na$ 型水。开都河沿岸矿化度为 1～2 g/L，向东北逐渐增大为 2～3 g/L 至 3～10 g/L，东北端博湖边缘矿化度高达 10～50 g/L，形成小面积的高矿化区，属咸水、盐水类型。

焉耆县平原区地下水矿化度分区如彩图 4-6 所示，各级地下水矿化度分布状况如下：

(1)地下水矿化度小于 1.0 g/L 地段。分布于焉耆县七个星镇、良种场附近、开都河古冲积扇缘，分布面积约 231.36 km^2，占焉耆县平原灌区面积的 28.79%。

(2)地下水矿化度 1.0～2.0 g/L 地段。分布于山前平原区及开都河沿岸地带，分布面积约 119.04 km^2，占焉耆县平原灌区面积的 14.81%。

(3)地下水矿化度 2.0～3.0 g/L、3.0～10.0 g/L 地段。广泛分布于焉耆县灌区内部，分布面积分别为 170.44 km^2、184.28 km^2，分别占焉耆县平原灌区面积的 21.21%、22.93%。

(4)地下水矿化度大于 10 g/L 地段。主要分布于东北部和南部，分布面积约 98.47 km^2，占焉耆县平原灌区面积的 12.26%。

二、评价指标的赋分

(一)包气带岩性 V

焉耆县平原区潜水含水层分布区包气带介质主要由亚黏土、粉土、细粉砂、砂砾石组成。根据 VLDA 模型的评分原则，焉耆县平原区包气带岩性的赋分为 3～10，加权得分为

0. 94 ~ 3. 12(见表 4-6 和彩图 4-7)。

表 4-6　焉耆县平原区包气带岩性 V 脆弱性评分

包气带岩性	砂砾石	细粉砂	粉土	亚黏土	合计
赋分	10	7	5	3	
加权得分	3. 12	2. 18	1. 56	0. 94	
面积(km^2)	65. 80	155. 89	274. 06	307. 85	803. 60
面积百分比(%)	8. 19	19. 40	34. 10	38. 31	100. 00

(二)土地利用方式 L

土地利用方式 L 决定了单位面积上的用水量或排水量、用水或排水过程及污染源的种类与污染物的数量。一般而言,工业区地下水脆弱性最高,城镇居民区、耕地中的污灌区等地下水脆弱性相对较高,普通耕地、弃耕地、牧场等分布区地下水脆弱性中等,荒地或天然植被区地下水脆弱性相对较低。农业土地利用方式反映了人类农业耕作的性质和灌溉水污染物的进入量,如旱作农业、灌溉农业、污水灌溉对地下水影响不同,而城市工业区、商业区、文教区、旅游区的废水排放量和污染物性质也有较大差异;污染源排放量反映了可能进入地下水污染物的种类和数量(吴晓娟等,2007)。

依据 2008 年 7 月遥感图像解译获得焉耆县土地利用现状图(见彩图 4-2),焉耆县平原区土地利用方式包括城镇、农村居民点、耕地、弃耕地、天然植被、未利用荒地等。存在的污染威胁主要来自农业种植中化肥、农药的使用和居民生活废弃物的排放造成的面源污染。

根据焉耆县平原区的地下水条件,不同土地利用方式对地下水脆弱性的影响程度不同。具体分析如下:

(1)戈壁、未利用荒地和弃耕地、盐碱地。在天然降水条件下,一般不会产生对地下水的入渗补给,即污染物(包括易溶盐)难以垂向进入含水层。

(2)农村居民点。用水量少而分散,生活污水就地排放,排放量难以统计,但鉴于本区为干旱区,生活污水排放后,在很短的时间内即被蒸发,难以形成净补给量。考虑到居民点均存在旱厕,在长期渗漏条件下,可以形成少量的入渗补给,生活污染物可能会有少量进入含水层。

(3)焉耆县城区域。据焉耆县环境保护局综合业务科 2009 年 10 月提供的统计资料,县城区域生活污水 80% ~ 90% 进入管网,通过管网的排放量为 3 000 ~ 4 000 m^3/d,通过管网进入芦苇生产区,少部分汇入博湖;工业废水集中在 8 ~ 12 月排放,总量约为 140 万 m^3/a,大部分通过管网进入芦苇区,少部分进入博湖。鉴于县城区域表层均存在厚度 > 0. 4 m 的壤土层,就地排放的少量生活污水难以形成入渗补给。

(4)天然植被区。在评价区范围内天然植被区均分布于地下水埋深 ≤3 m 的区域(参见彩图 4-2 和彩图 4-4),依靠汲取地下水和有限的降水来维持正常生长,不需要灌溉,一般不会产生对地下水的入渗补给。

(5)耕地区。评价区耕地灌溉定额为 456 ~ 591 mm/a,变化幅度不大;地下水埋深一般为 2 ~ 3 m。灌溉水可以形成对地下水的入渗补给,农用化学品(化肥、农药等)随灌溉水一起进入含水层。

参考张雪刚等(2009)制定的张集地区土地利用因子的分类及评分，确定 VLDA 模型的评分标准，焉耆县平原区土地利用方式的赋分为 2 ~ 7，加权得分为 0.45 ~ 1.59(见表 4-7 和彩图 4-8)。

表 4-7　焉耆县平原区土地利用方式 *L* 脆弱性评分

土地利用方式	耕地	弃耕地	未利用荒地	农村居民点	城镇	天然植被	芦苇及水域	盐碱地	戈壁	合计
赋值	7	4	2	5	4	3	2	2	2	
加权得分	1.59	0.91	0.45	1.14	0.91	0.68	0.45	0.45	0.45	
面积(km^2)	533.28	38.33	8.12	25.98	10.22	5.66	50.01	21.20	110.8	803.60
面积百分比(%)	66.36	4.77	1.01	3.23	1.27	0.70	6.22	2.64	13.79	100.00

(三)地下水埋深 *D*

焉耆县平原区地下水埋深可以划分为≤1 m、1 ~2 m、2 ~3 m、3 ~5 m 和 >5 m。根据 VLDA 模型的评分原则，焉耆县平原区地下水埋深的赋分为 2 ~ 10，加权得分为 0.35 ~ 1.77(见表 4-8 和彩图 4-9)。

表 4-8　焉耆县平原区地下水埋深 *D* 脆弱性评分

地下水埋深(m)	≤1	1 ~ 2	2 ~ 3	3 ~ 5	>5	合计
赋分	10	8	6	4	2	
加权得分	1.77	1.42	1.06	0.71	0.35	
面积(km^2)	153.28	428.37	63.35	52.14	106.47	803.60
面积百分比(%)	19.07	53.31	7.88	6.49	13.25	100.00

(四)含水层特性 *A*

焉耆县平原区含水层富水性划分为 5 个等级，根据 VLDA 模型的评分原则，焉耆县平原区含水层特性的赋分为 1 ~9，加权得分为 0.28 ~2.56(见表 4-9 和彩图 4-10)。

表 4-9　焉耆县平原区含水层特性 *A* 脆弱性评分

富水性分区	水量极丰富区	水量丰富区	中等富水区	弱富水区	水量微弱区	合计
单井涌水量(m^3/d)	>5 000	3 000 ~ 5 000	1 000 ~ 3 000	100 ~ 1 000	≤100	
赋分	9	7	5	3	1	
加权得分	2.56	1.99	1.42	0.85	0.28	
面积(km^2)	81.20	152.20	184.53	367.35	18.32	803.60
面积百分比(%)	10.10	18.94	22.96	45.71	2.28	100.00

三、评价结果

（一）脆弱性指数 DI 的确定

在获得了 VLDA 模型的 4 个指标在研究区的评分图后，在 GIS 平台上利用空间分析技术将 4 张评分图叠加，得到焉耆县平原区孔隙潜水的脆弱性分区及控制点硝酸盐含量图（见彩图 4-11）。把焉耆县平原区潜水的脆弱性得分划分为 5 个区段，按照指数由低到高的顺序依次为≤2、2～4、4～6、6～8 和＞8（见表 4-10）。

表 4-10　焉耆县平原区潜水脆弱性分级

脆弱性指数 *DI*	＞8.0	8.0～6.0	6.0～4.0	4.0～2.0	≤2	合计
脆弱性状态	极高脆弱性	高脆弱性	中等脆弱性	低脆弱性	极低脆弱性	
面积（km^2）	0	237.70	510.45	55.45	0	803.60
面积百分比（%）	0	29.58	63.52	6.90	0	100.00

（二）脆弱性评价结果

由表 4-10 和彩图 4-11 可得出以下结论：

（1）经统计，焉耆县平原区内孔隙潜水脆弱性指数≤2、2～4、4～6、6～8 和＞8 的区域的面积分别占总面积的 0、6.90%、63.52%、29.58% 和 0。

（2）在焉耆县平原区内，脆弱性得分在后 2 个区段（6～8 和＞8）的区域（即脆弱性相对较高的区域）占 29.58%，主要分布在西北部地区（包括库尔勒市城市地下水水源地）和焉耆县城以东地区，这是由于上述地区为主要农业活动区，同时含水层富水性较好、包气带岩性颗粒较粗。

第四节　潜水脆弱性评价结果与潜水硝酸盐含量的一致性分析

焉耆县平原区以农业为主，农业活动易造成潜水硝酸盐污染。国内外大量实例表明，农业区潜水硝酸盐含量与潜水脆弱性关系较为密切，高脆弱性区潜水的硝酸盐含量往往较高，低脆弱性区潜水硝酸盐含量往往较低。根据焉耆县平原区潜水硝酸盐含量的分布范围，将潜水硝酸盐含量划分为低含量（≤10 mg/L）、中等含量（10～30 mg/L）和高含量（＞30 mg/L）。

从彩图 4-11 可以看出，硝酸盐含量＞20 mg/L 的水点基本位于高脆弱性区，硝酸盐含量＜10 mg/L 的水点基本位于中等脆弱性区或低脆弱性区；从表 4-11 和图 4-1 可以看出，潜水硝酸盐含量与潜水脆弱性指数呈极显著相关关系（$n=24$，$r=0.5678$，$r_{0.01}=0.535$）。由此说明，本书提出的 VLDA 模型可以用于以农业为主的县域尺度潜水脆弱性的评价。

表 4-11　焉耆县平原区潜水脆弱性指数与硝酸盐含量对比表

编号	加权得分				脆弱性指数	NO_3^- 含量 (mg/L)
	V	*L*	*D*	*A*		
YQ32	3.12	1.36	0.35	2.56	7.39	50.17
YY29	2.18	0.45	1.42	2.56	6.61	5.62
YY23	2.18	1.36	1.42	1.42	6.38	6.07
YQ34	3.12	1.36	0.35	1.42	6.25	22.43
YY32	2.18	0.45	1.42	1.99	6.04	33.54
YY30	2.18	1.36	0.35	1.99	5.88	21.54
YQ33	2.18	1.36	0.35	1.99	5.88	26.64
YY22	2.18	0.45	1.42	1.42	5.47	0.16
YQ28	2.18	1.36	0.35	1.42	5.31	18.22
YY41	0.94	1.36	1.42	1.42	5.14	71.61
YY40	0.94	1.36	1.42	1.42	5.14	1.18
YQ18	0.94	1.36	1.42	1.42	5.14	1.00
YY18	2.18	0.45	1.42	0.85	4.9	0.06
YQ21	0.94	1.36	1.06	1.42	4.78	15.76
YY3	1.56	0.45	1.77	0.85	4.63	9.98
YY58	0.94	1.36	1.42	0.85	4.57	8.99
YY15	0.94	1.36	1.42	0.85	4.57	4.95
YY51	0.94	0.91	1.77	0.85	4.47	4.82
YY12	1.56	0.45	1.42	0.85	4.28	0.55
YY59	0.94	0.45	1.42	1.42	4.23	0.02
YY48	1.56	0.45	0.71	1.42	4.14	3.26
YY8	0.94	0.45	1.77	0.85	4.01	3.57
YQ39	0.94	0.45	1.06	0.85	3.30	0.68
YQ36	0.94	0.45	0.35	1.42	3.16	0.57

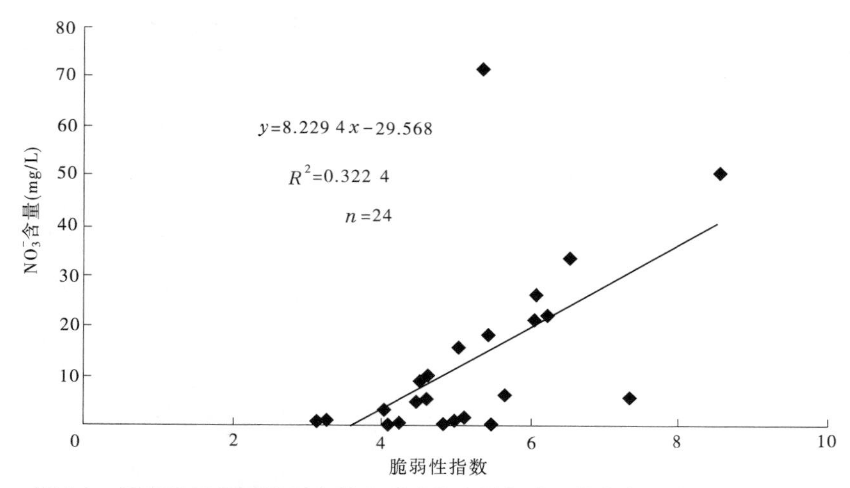

图 4-1　焉耆县平原区控制点潜水硝酸盐含量与脆弱性指数散点图及趋势线

第五节　地下水水质保护措施

在焉耆县平原区内开展地下水环境保护工作时，要坚持“预防为主，防治结合”的原则。例如，库尔勒市城市水源地的部分区域位于高脆弱性区，水源地运行管理部门应引起足够的重视；水利部门应合理布置饮用地下水开采井，尽量避开地下水高脆弱性地区，减少由于规划不合理而在地下水开采过程中造成的污染；企业在选择排污场址时，应严格避免将场址定在地下水高脆弱性地区，即使选址于地下水低脆弱性地区，也应做好污染物隔离工作，以免地下水污染发生或加剧。

第六节　小　结

在深入分析内陆干旱区地下水脆弱性影响因素的基础上，确定县域地下水脆弱性评价指标为：包气带岩性 V、土地利用方式 L、地下水埋深 D 和含水层特征 A；构建了基于遥感技术的县域地下水脆弱性评价模型——VLDA 模型；将国内外 8 位学者基于 5～7 个指标提出的权重归并为 VLDA 模型的 4 个指标，归一化处理后得到 VLDA 模型的权重分别为 0.312、0.227、0.177、0.284。

建立了焉耆县平原区 VLDA 模型的分级赋分体系；在 GIS 技术平台上计算了地下水脆弱性指数，依据脆弱性指数，将地下水脆弱性划分为极低脆弱性（脆弱性指数≤2）、低脆弱性（脆弱性指数 2～4）、中等脆弱性（脆弱性指数 4～6）、高脆弱性（脆弱性指数 6～8）和极高脆弱性（脆弱性指数 >8）；评价结果表明：潜水脆弱性指数≤2、2～4、4～6、6～8 和 >8 的区域的面积分别占总面积的 0、6.90%、63.52%、29.58% 和 0，脆弱性指数 6～8 和 >8 的区域（即脆弱性相对较高的区域）占 29.58%，主要分布在西北部地区（包括库尔勒市城市地下水水源地）和焉耆县城以东地区，这是由于上述地区为主要农业活动区，同时含水层富水性较好、包气带岩性颗粒较粗。

焉耆县平原区以农业为主,农业活动已造成潜水硝酸盐污染。国内外大量实例表明,农业区潜水硝酸盐含量与潜水脆弱性关系较为密切,高脆弱性区潜水的硝酸盐含量往往较高,低脆弱性区潜水硝酸盐含量往往较低。焉耆县平原区潜水脆弱性分区及控制点硝酸盐含量分布一致性分析表明:硝酸盐含量大于10 mg/L的水点基本位于高脆弱性区,硝酸盐含量小于10 mg/L的水点基本位于中等脆弱性区或低脆弱性区;潜水硝酸盐含量与潜水脆弱性指数呈极显著相关关系($n=24$,$r=0.567\ 8$,$r_{0.01}=0.535$)。由此说明,本书提出的VLDA模型可以用于以农业为主、水文地质研究程度较低、难以精确确定含水层净补给量的县域尺度潜水脆弱性评价。

第五章　基于地下水流数值模拟的县域地下水脆弱性评价方法及应用

在城市或县域地下水开发利用规划、盐碱地治理规划等水文地质工作中，饱和地下水流数值模拟技术和非饱和地下水流数值模拟技术已经得到较为广泛的应用，应用数值模拟技术可以系统地确定地下水脆弱性关键指标的定量数据，可以大大提高地下水脆弱性评价的精度和深度。

在本书第三章中提出了 DRAV 模型，并认为控制地下水脆弱性的主要因素为地下水埋深 *D*、地下水净补给量 *R*、包气带岩性 *V*、含水层特性 *A*。地下水埋深 *D* 和包气带岩性 *V* 可以低成本地通过探井或洛阳铲孔揭露获得，DRAV 模型评价地下水脆弱性的精度在很大程度上取决于地下水净补给量 R 和含水层特性 A 的定量化数据。借助 HYDRUS－1D 模型可以较精确地获得地下水净补给量 *R*；通过 MODFLOW 模型可以较精确地获得含水层特征参数——渗透系数 *K*。

本章着重讨论基于 HYDRUS－1D 模型和 MODFLOW 模型的地下水脆弱性评价的耦合模型的建立及应用实例。

第一节　应用 HYDRUS－1D 模型确定地下水净补给量 *R*

地下水净补给量的确定是地下水脆弱性评价的关键（Robbins，1998）。降水、灌溉水、废（污）水要通过包气带才能入渗补给地下水，水分在包气带中的运移直接决定了含水层净补给量 *R* 的大小。而通常的降水入渗补给量的计算只是采用降水入渗补给系数与有效降水量的乘积，灌溉水入渗补给量的计算只采用灌溉水入渗补给系数与灌溉定额的乘积，而不考虑土壤中的水分运动情况，由此产生含水层净补给量 *R* 计算的很大误差。同时，在地下水脆弱性评价时，对于河道水及渠系水水质较好的地区，河道水及渠系水入渗补给量并不增加地下水脆弱性，相反可能在一定程度上降低了河道及渠系两侧地区地下水的脆弱性，显然将这部分入渗补给量纳入对地下水脆弱性有影响的净补给量是不合适的。

一、HYDRUS－1D 模型简介

HYDRUS－1D 模型是由美国国家盐改中心（US Salinity Laboratory）于 1991 年研制成功的一套用于模拟变饱和多孔介质中水分、热量、溶质运移的数值模型（Simunek 等，1998）。经改进与完善，得到了广泛的认可与应用（Rassam 等，2002；尹大凯，2002；毕经伟等，2003；曹巧红等，2003a；曹巧红等，2003b；孟江丽等，2004；毕经伟等，2004；李洪等，2004；王水献等，2005；郝芳华等，2008a；郝芳华等，2008b；欧阳正平，2008；杜金龙，2009），

是目前模拟点尺度变饱和渗流区水分、溶质及热量迁移的理想平台，综合考虑土壤水分运动、溶质运移、热运动和作物根系生长，适用稳定或非稳定边界条件，具灵活的输入输出功能，模型方程解法采用 Galerkin 线性有限元法，可用于模拟田间土壤水分和农业化学物与有机污染物的迁移与转化（Fennemore 等，2001）。HYDRUS－1D 模型对土壤水分运动的数学表达采用 Richards 方程，也可以与其他地下水、地表水模型相结合，从宏观上分析水资源的转化规律（杜金龙，2009）。

作者分别于 1999 年 9 月、2003 年 9 月、2006 年 7～8 月和 2009 年 9 月在焉耆县平原区内进行过详细的包气带岩性及潜水位调查工作，并于 2009 年 9～10 月在不同包气带岩性组合的典型地段选取了 7 个土壤剖面，分层测定了土壤的颗粒组成和含水率。结合土地利用现状遥感解译结果（见彩图 4-2）、现状年不同作物灌溉制度、包气带岩性及潜水位调查成果，应用 HYDRUS－1D 模型确定各调查点（共 64 个）的地下水净补给量 *R*，进而绘制焉耆县平原区潜水垂向净补给量分区图。

二、HYDRUS－1D 模型的模拟过程

HYDRUS－1D 模型确定地下水净补给量 *R* 流程见图 5-1。

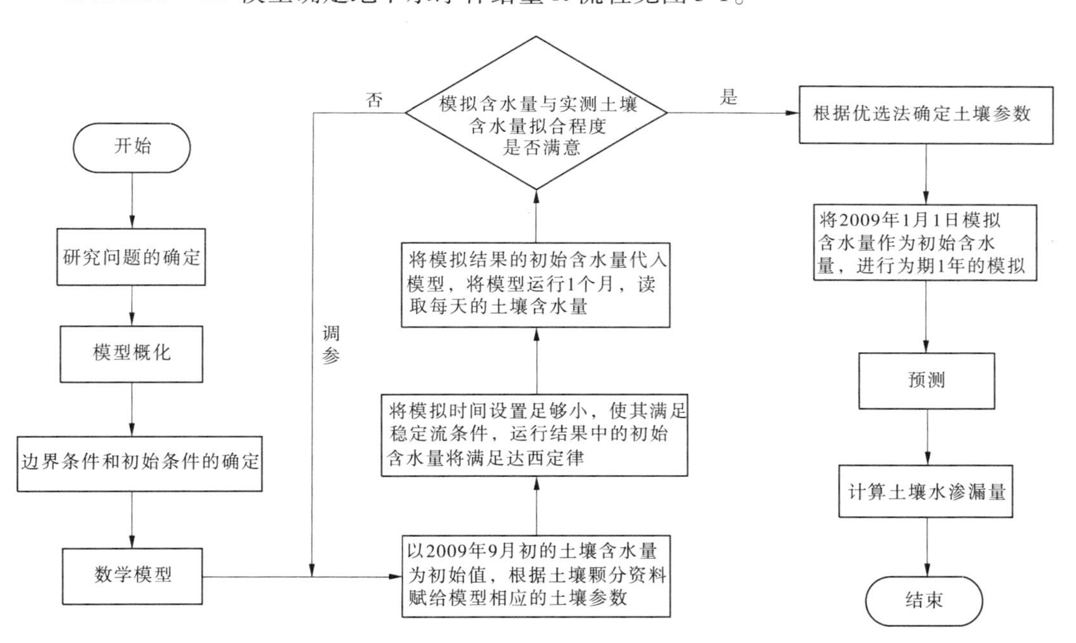

图 5-1　HYDRUS－1D 模型确定地下水净补给量 *R* 流程图

（一）垂向一维非饱和地下水流概念模型

应用 HYDRUS－1D 模型确定各调查点地下水净补给量 *R* 的概念模型如图 5-2 所示。图中 A、B、C 代表包气带岩性分层。

（二）垂向一维非饱和地下水流数学模型

模拟剖面水流模型可概化为：非均质各向同性饱和－非饱和一维非稳定流，上边界为大气边界（即变流量边界，接受降水或灌溉水入渗和蒸发），下边界为已知压力边界。取

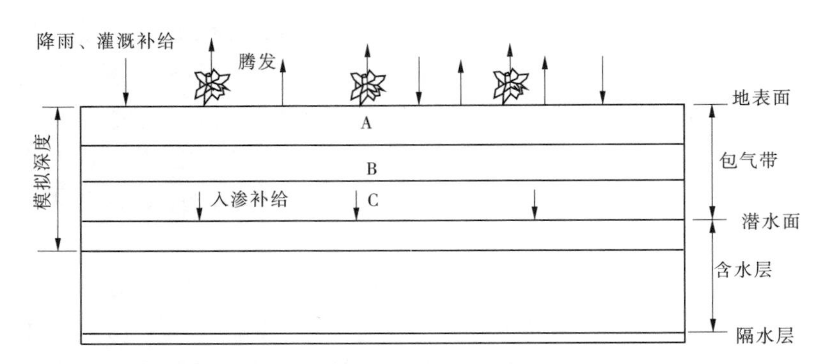

图 5-2　HYDRUS－1D 模型确定地下水净补给量 R 的概念模型

地表为零基准面，坐标轴（z 轴）与主渗流方向一致，向上为正，模拟区域为：$Z \leqslant z \leqslant 0$，其中 Z = 地下水最大埋深 +（0 ~ 40）cm；模拟时间为 1 月 1 日至 12 月 31 日，共计 365 d，即 $0 \leqslant t \leqslant T$，$T$ = 365 d。控制方程与边界条件如下

$$\frac{\partial \theta}{\partial t} = \frac{\partial}{\partial z}\left[k(h)\left(\frac{\partial h}{\partial z} + 1\right)\right] \tag{5-1}$$

式中：θ 为体积含水量；h 为压力水头，非饱和水小于零；z 为坐标；t 为时间；k 为非饱和渗透系数。

初始条件　$$\theta(z,0) = \theta_0(z) \quad Z \leqslant z \leqslant 0 \tag{5-2}$$

上边界　$$-k(h)\left(\frac{\partial h}{\partial z} + 1\right) = q_s, z = 0 \tag{5-3}$$

下边界　$$h(Z,t) = h_b(t) \tag{5-4}$$

式中：$\theta_0(z)$ 为剖面初始土壤含水率；q_s 为地表水分通量，蒸散取正值，灌溉水与降水入渗取负值，为上部变流量边界（大气边界）；$h_b(t)$ 为下边界压力水头。

（三）垂向一维非饱和地下水流数值模型

模拟剖面为最大地下水埋深 +（0 ~ 40）cm 深度范围土壤，根据包气带分层土壤颗粒分析资料或野外岩性描述，对包气带进行分层，岩性分层层数 1 ~ 7 层；在剖面上按 1 cm 等间隔离散成网格；模拟时段为 1 月 1 日 ~ 12 月 31 日，共计 365 d，采用变时间步长剖分方式，据收敛迭代次数调整时间步长。设定初始时间步长为 0.1 d，最小步长为 0.000 01 d，最大步长为 5 d；土壤含水率容许偏差为 0.000 5，压力水头容许偏差为 1 cm。如果某特定时间步长达到收敛所需迭代次数少于 3，下一步长可乘以一个大于 1 常数（一般在 1.1 ~ 1.5 取值）；若迭代次数超过 7，下一步长可乘以一个小于 1 的常数（一般在 0.3 ~ 0.9）；若迭代次数超过给定最大值（一般在 10 ~ 50），迭代自动终止，时间步长直接赋为 $\Delta t/3$ 重新开始迭代（杜金龙，2009）。

土壤水流模型采用单孔隙模型中 Van Genuchten－Mualem 模型，不考虑水分滞后效应，不考虑植被根系吸水。水流模拟上边界为开放大气边界，接受降水、灌溉水补给和土面蒸发及作物蒸腾排泄，HYDRUS－1D 水流模拟赋实测的降水量、灌溉水量和计算的潜在腾发量；下边界取为已知变压力边界，HYDRUS－1D 中赋给压力水头，据实测潜水埋深确定。

(四)初始条件、边界条件及参数的确定

1. 初始条件及边界条件

直接用实测的分层土壤含水率通过内插获取的剖面含水率作为初始条件,往往不符合非饱和水流的运动方程。为此,对每个计算剖面(共 64 个)在给定剖面岩性分层及参数、地下水埋深条件下进行稳定流计算(计算时间 0. 1 d),计算得到的剖面含水率作为初始含水率。

上边界取实测的降水量(见表 5-1)、实测的灌溉水量(见表 5-2)和计算的蒸发量(见表 5-3)。

表 5-1　焉耆县平原区多年平均有效降水量逐月计算

月份	1 月	2 月	3 月	4 月	5 月	6 月	7 月	8 月	9 月	10 月	11 月	12 月	全年
降水量(mm)	1. 8	0. 9	2. 2	3. 1	7. 9	12. 6	16. 2	11. 6	8. 9	3. 2	1. 4	1. 3	71. 3
有效降水量(mm)	0	0	0	0	4. 9	9. 6	13. 2	8. 6	5. 9	0	0	0	42. 2

表 5-2　焉耆县平原区灌溉制度

小麦	日期(月-日)	04-20	05-10	05-25	06-22	09-30			合计
	灌溉水深(cm)	9. 0	8. 2	9. 0	9. 0	12. 0			47. 2
玉米	日期(月-日)	06-14	07-05	07-25	08-18	09-10			
	灌溉水深(cm)	9. 0	8. 2	8. 2	8. 2	12. 0			45. 6
其他作物	日期(月-日)	05-02	05-27	06-15	07-10	07-29	08-27	09-30	
	灌溉水深(cm)	7. 5	7. 5	8. 2	8. 2	8. 2	7. 5	12	59. 1

表 5-3　焉耆县平原区土壤水分蒸散发率

月份		1 月	2 月	3 月	4 月	5 月	6 月	7 月	8 月	9 月	10 月	11 月	12 月
水面蒸发量(mm)		18. 1	41. 7	134. 1	250. 3	326. 4	329. 1	314. 1	285. 7	229. 3	129	46	17. 1
水面蒸发率(mm/d)		0. 60	1. 44	4. 33	8. 34	10. 53	10. 97	10. 13	9. 22	7. 64	4. 16	1. 53	0. 55
潜在蒸散率(mm/d)		0. 33	0. 78	2. 34	4. 51	5. 69	5. 92	5. 47	4. 98	4. 13	2. 25	0. 83	0. 30
蒸腾率(mm/d)	其他作物	0. 30	0. 30	0. 30	0. 65	5. 08	5. 92	5. 47	2. 25	2. 00	1. 00	0. 30	0. 30
	冬小麦	0. 33	0. 78	2. 34	3. 86	0. 61	0. 50	0. 50	4. 98	4. 13	2. 25	0. 83	0. 30

注:据杜金龙(2009)修正。

下边界取为已知压力边界。因耕地区潜水埋深动态监测点较少,作如下处理:

(1)7 个参数拟合剖面。取监测期(2009 年 9 ~ 10 月)的平均潜水埋深;灌水后地下水位抬升值取监测期的水位抬升值;设定灌水后第 1 d 水位抬升至最高值,灌水后第 3 d 回落至原来水位,灌水后第 2 d 水位取灌水后第 1 d 和第 3 d 的平均值。

(2)其他剖面。取 8 ~10 月间的偶测潜水埋深作为平均潜水埋深;灌水后潜水位抬升值取经验数据(根据包气带岩性,在 5 ~ 45 cm 取值);设定灌水后第 1 日水位抬升至最高值,灌水后第 3 天回落至原来水位,灌水后第 2 天水位取灌水后第 1 日和第 3 日的平均值。

2. 土壤水分运动参数

土壤水分运动参数主要包括水分特征参数和水力传导度,雷志栋等(1988)曾对土壤水分运动参数的确定方法进行总结。

土壤(体积)含水量与负压关系曲线称水分特征曲线(Water Retention Curve,简称 WRC),Brooks - Corey 模型(简称 BC 模型,1964)、Van Genuchten 模型(1980)是应用较为广泛的 WRC 拟合模型。BC 模型是基于 Kozeny 方程建立的指数模型,但对含水量较高曲线段拟合不理想;Van Genuchten 在 Childs 和 Collis - George 理论基础上提出著名的 VG 公式,克服了 BC 模型的不足。VG 公式对接近饱和阶段拟合效果仍不甚理想,Vogel 等(1988,2001)对其进行修正。

$$S_e(h) = (\theta - \theta_r)/(\theta_s - \theta_r) = 1/(1 + |\alpha h|^n)^{-m} \quad (5\text{-}5)$$

式中:S_e 为有效饱和度;θ_r 为土壤残余含水量;θ_s 为土壤饱和含水量;α 为进气值倒数;h 为负压;n 为孔隙分布指数;$m = 1 - 1/n$。θ_r、θ_s、α、n 即为土壤水分特征参数。

非饱和带渗透系数可利用土壤含水量、负压与饱和渗透系数计算。Mualem(1976)建立关于非饱和带渗透系数 $k(S_e)$ 与有效饱和度 S_e、负压 h 的 Mualem 公式,Van Genuchten (1980)将 VG 公式代入 Mualem 公式,消去 h,形成关于 $k \sim S_e$ 的 Van Genuchten - Mualem 公式(VGM 公式,式(5-6))。Vogel 等(1988,2001)对 VGM 公式进行修正,较好地克服了其刻画土壤近饱和阶段的失真,尤其适用 n 相对较小(1.0 ~ 1.3)、质地较细的土壤。

$$k(S_e) = k_s k_r(S_e) = k_s S_e^l [1 - (1 - S_e^{1/m})^m]^2 \quad (5\text{-}6)$$

式中:k_r 为相对渗透系数;l 为孔隙连续性参数(取 0.5);其他项同式(5-5)。

土壤水分运动参数测定方法包括直接法与间接法。直接法存在耗时长、成本高,受测定尺度制约和难以大规模实施的缺点(Dirksen,2000);间接法包括机理模型法、土壤转换函数法(Pedotransfer Function,PTFs)和逆向求参法(Van Genuchten 等,1999),后两者应用广泛。

土壤转换函数法利用岩性特征确定土壤水力性质,属经验或半经验模型(Wosten 等, 2001),需土壤粒度、干容重、有机物含量等参数,构建的模型包括连续函数与分类函数两类(Soet 与 Stricke,2003),构建方法有多元统计法、人工神经网络法和模糊数学法等,配套软件有基于 UNSODA 数据库的 Rosetta(Schaap,2001;Nemes 等,2001)和 Soilpar(Acutis 与 Donatelli,2003)。利用 Rosetta 软件只是获得预测初始水力参数,结果是不准确的,要想得到更为接近真实的参数值,还需要通过模型率定的方式获取较为精确的非饱和水力参数。

1)水分特征参数

应用 MP - 406 土壤水分测定仪,获取了 2009 年 9 月 4 ~ 7 日、9 月 19 ~ 20 日、9 月 26 ~ 27 日和10 月 6 ~ 7 日 7 个典型土壤剖面(YQ18、YQ21、YY3、YY15、YY23、YY32 和

YY48)的分层(0、20 cm、40 cm、60 cm、80 cm、100 cm、150 cm、200 cm、250 cm、300 cm)含水量监测数据,同时段的焉耆气象站降水量与 E_{601} 水面蒸发量见表5-4,监测时段内各剖面均为裸地(土面蒸发率取 $0.54 \times E_{601}$),无灌水。

表5-4 2009年9月4日~10月7日焉耆气象站降水量、E_{601}水面蒸发量 (单位:mm)

日期(月-日)	降雨量	E_{601}蒸发量	日期(月-日)	降雨量	E_{601}蒸发量
09-04	无	3.8	09-21	无	3.6
09-05	0	3.8	09-22	无	3.9
09-06	无	4.3	09-23	0	4.0
09-07	无	4.4	09-24	0.2	3.3
09-08	无	4.5	09-25	无	4.0
09-09	无	4.2	09-26	无	3.7
09-10	无	5.4	09-27	无	3.4
09-11	无	5.1	09-28	无	2.9
09-12	无	4.6	09-29	0	4.9
09-13	无	4.5	09-30	无	4.2
09-14	无	4.3	10-01	无	3.8
09-15	无	6.2	10-02	无	4.4
09-16	无	4.7	10-03	无	3.5
09-17	无	3.8	10-04	无	3.1
09-18	0.8	5.0	10-05	无	3.4
09-19	无	4.3	10-06	无	3.6
09-20	无	4.0	10-07	无	3.6

土壤水分特征曲线拟合公式采用Van Genuchten公式(式(5-5)),所求特征参数 α、n 及饱和含水量 θ_s、土壤残余含水量 θ_r 受土壤质地、密度、空隙率控制,难以直接测定。具体方法为:基于分层土壤颗粒分析(按照美国土壤划分标准,对颗粒分析结果进行重新分组计算)数据(见表5-5),利用土壤转换函数Rosetta模型(Schaap,2001)预估参数初值;

根据土壤饱和含水量 θ_s 实测数据(见表 5-6),对预估的土壤饱和含水量 θ_s 初值进行调整,将稳定流计算确定的初始含水量剖面数据导入,进行参数的初步拟合,若参数拟合效果较好,则将土壤转换函数 Rosetta 模型确定的 θ_r、α、n、k_s 和实测的 θ_s 作为水分特征参数;对初步拟合效果不好的,调整 α 和 n,根据观测点含水量实测值与模拟值差异调整参数值,直至得出较为理想的结果。从图 5-3 和图 5-4 可以看出,经多次调试的模拟值与实测值拟合效果较为理想。表 5-7 为焉耆县平原区典型土壤对应的水分特征参数。粗砂参数估计参考 HYDRUS－1D 软件 Rosetta 模型(属土壤转换函数)预测值,并利用焉耆县平原区抽水试验数据对其中的饱和渗透系数进行修正。

表 5-5　焉耆县平原区典型剖面土壤颗粒分析结果

编号	深度(cm)	定名	累计(%)		
			砂粒(>0.05 mm)	粉粒(0.05～0.002 mm)	黏粒(<0.002 mm)
YY3	0～20	粉土	0	97.7	2.3
	20～40	粉土	0	96.9	3.1
	40～60	粉土	0	94.4	5.6
	60～80	粉土	0	96.7	3.3
	80～100	粉土	0	94.4	5.6
	100～150	粉土	0	96.7	3.3
	150～200	粉土	0	94.9	5.1
YY15	0～20	粉土	0	97.1	2.9
	20～40	粉土	0	95.4	4.7
	40～60	粉土	0	97.0	3.0
	60～80	粉土	0	97.1	2.9
	80～100	粉土	0	96.9	3.1
	100～150	粉土	0	96.3	3.7
	150～200	粉土	0	97.0	3.0
	200～300	粉土	0	98.0	2.1
YY23	0～40	粉土	0	95.4	4.6
	40～60	粉土	0	98.0	2.0
	60～80	粉土	0	95.9	4.1
	80～100	粉土	0	94.2	5.8
	100～150	粉土	0	93.8	6.2
	150～200	粉土	0	96.7	3.3

续表 5-5

编号	深度(cm)	定名	累计(%)		
			砂粒(>0. 05 mm)	粉粒(0. 05 ~0. 002 mm)	黏粒(<0. 002 mm)
YY48	0 ~ 20	粉土	0	94. 1	5. 9
	20 ~ 40	粉砂	0	100. 0	0
	40 ~ 60	细砂	100	0	0
	60 ~ 80	细砂	100	0	0
	80 ~ 100	粉土	0	96. 7	3. 3
	100 ~ 150	粉质黏土	0	84. 7	15. 3
	150 ~ 240	粉质黏土	0	84. 7	15. 3
YQ18	0 ~ 20	粉土	0	85. 1	14. 9
	20 ~ 40	粉砂	0	100. 0	0
	40 ~ 60	粉土	0	97. 1	2. 9
	60 ~ 80	粉砂	0	100. 0	0
	80 ~ 100	细砂	100	0	0
	100 ~ 150	粉土	0	96. 3	3. 7
	150 ~ 200	细砂	100	0	0
YQ21	0 ~ 20	粉土	0	87. 7	12. 3
	20 ~ 40	粉土	0	92. 6	7. 4
	40 ~ 60	粉土	0	96. 1	3. 9
	60 ~ 80	粉土	0	98. 0	2. 0

表 5-6　焉耆县平原区典型土壤饱和含水量 θ_s 测定结果

岩性	测定值									平均值
粉土	0. 442	0. 445	0. 435	0. 440	0. 408	0. 460	0. 399	0. 395		0. 43
细砂	0. 340	0. 353	0. 373	0. 371	0. 395	0. 377	0. 374	0. 331	0. 333	0. 36
粉砂	0. 370	0. 369	0. 359	0. 374	0. 375	0. 358	0. 347			0. 36
亚黏土、粉质黏土	0. 394	0. 362	0. 359	0. 383	0. 346	0. 326				0. 36
亚砂土	0. 305	0. 321								0. 31

表 5-7　焉耆县平原区典型土壤对应的水分特征参数

岩性	θ_r	θ_s	α (cm^{-1})	n	k_s(cm/d)	l(-)	说明
粗砂	0.045	0.43	0.145	2.68	3 000	0.5	
细砂	0.050	0.36	0.053	4.134	1 200	0.5	
粉砂	0.058	0.36	0.017	1.519	96	0.5	
亚砂土、粉土	0.049	0.31	0.013	1.610	31	0.5	
粉质壤土	0.033	0.37	0.008	1.248	10.8	0.5	引自杜金龙,2009
壤土、粉质黏土、亚黏土	0.073	0.36	0.008	1.606	12	0.5	

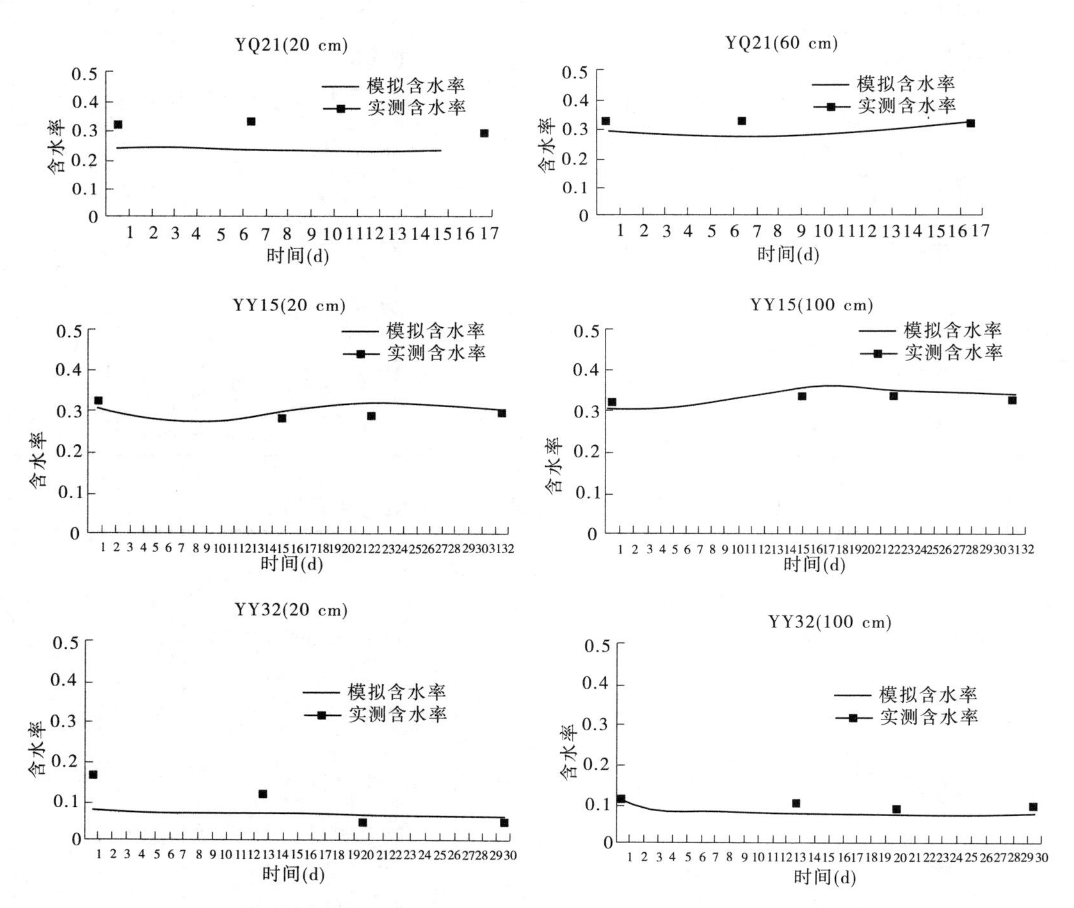

图 5-3　焉耆县平原区典型剖面典型深度土壤含水率模拟值与实测值对比

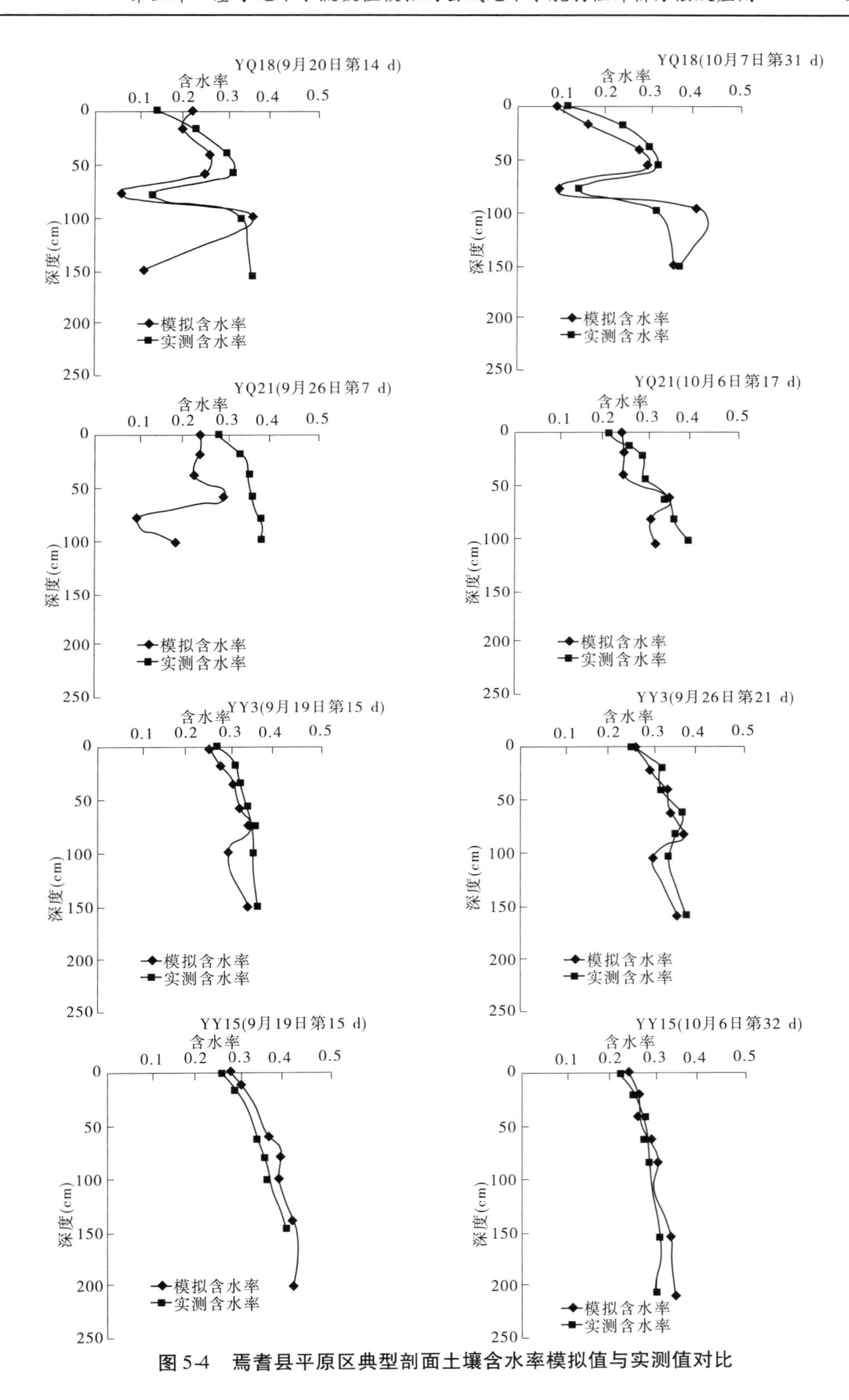

图 5-4　焉耆县平原区典型剖面土壤含水率模拟值与实测值对比

2)非饱和渗透系数

利用式(5-6)计算非饱和带渗透系数 $k(S_e)$,式中所需参数来自表5-7,利用 HYDRUS - 1D 软件可实现非饱和渗透系数的实时自动计算。

三、地下水净补给量 R 的模拟计算

根据焉耆县平原区的地下水埋藏条件,不同土地利用方式可能形成的对地下水脆弱性有影响的净补给量大小不同。具体分析如下:

(1)戈壁、未利用荒地和弃耕地、盐碱地。在天然降水(见表5-1)条件下,一般不会产生净补给量。

(2)农村居民点。用水量少而分散,生活污水就地排放,排放量难以统计,但鉴于本区为干旱区,生活污水排放后,在很短的时间内即被蒸发,难以形成净补给量。考虑到居民点均存在旱厕,在长期渗漏条件下,可以形成少量的净补给量。

(3)焉耆县城区域。据焉耆县环境保护局综合业务科 2009 年 10 月提供的统计资料,县城区域生活污水 80% ~90% 进入管网,通过管网的排放量为 3 000 ~4 000 m^3/d,通过管网进入芦苇生产区,少部分汇入博湖;工业废水集中在 8 ~ 12 月排放,总量约为 140 万 m^3/a,大部分通过管网进入芦苇区,少部分进入博湖。鉴于县城区域表层均存在厚度 > 0. 4 m 的壤土层,就地排放的少量生活污水难以形成净补给量。

(4)天然植被区。在评价区内天然植被区均分布于潜水埋深 ≤3 m 的区域(见彩图 4-2 和彩图 4-4),依靠吸取地下水和有限的降水来维持正常生长,不需要灌溉,一般不会产生净补给量。

(5)耕地区。耕地区包气带岩性(组合)变化较大,各处潜水埋深不同,不同作物的灌溉制度也不尽相同,净补给量的空间变异性较大。为此,本书采用 HYDRUS - 1D 模拟软件,模拟不同潜水埋深、不同包气带岩性、不同作物(灌溉制度不同)下的地下水净补给量。

(6)河道及渠系。鉴于评价区河道水及渠系水水质较好,河道水及渠系水入渗不会带入额外的污染物。因此,在计算地下水净补给量时不考虑这部分入渗补给量。

应用模型识别后的土壤水分运动参数(见表5-7)、表5-1 ~ 表5-3 所列数据和位于耕地区的64个地下水调查点资料(见表5-8)进行模拟计算。表5-8 和彩图 5-1 列出了各剖面的土壤水流运移模拟结果。代表性剖面典型深度模拟土壤含水量动态曲线见图5-5。

从表5-8 可以看出:焉耆县平原区耕地潜水净补给量变化范围为 25. 51 ~58. 91 cm/a,其大小与潜水埋深、包气带岩性、灌溉制度、灌水后潜水位抬升值、地面蒸散量有关。

模拟计算结果表明:灌水后潜水位抬升值对净补给量计算结果有明显影响,潜水位抬升值越大,净补给量越大,详见表5-9。因此,为了获得准确的净补给量,必须根据潜水位埋深、包气带岩性、作物种类等条件,对灌区进行分区,在此基础上,在每个分区内选定若干个典型地段,进行灌溉期的地下水位动态监测,确定各分区灌水后潜水位抬升值。

表 5-8　焉耆县平原区潜水净补给量模拟计算参数及结果

编号	最大或偶测地下水埋深(cm)	模拟深度(cm)	平均埋深(cm)	灌水后水位上升值(cm)	净补给量(cm/a)	蒸发量(cm/a)	作物种类	岩性分层
DS1	160	200		45	40.52	48.61	小麦	0~80 cm 粉质壤土,80~120 cm 粉土,120~160 cm 粉质壤土
MS10	160	200		45	28.28	4.18	小麦	0~40 cm 粉质壤土,40~60 cm 壤土,80~260 cm 粉质壤土
MS14	140	150		45	28.28	4.18	玉米	0~40 cm 粉土,40~60 cm 砂
MS16	200	200		45	36.22	71.67	小麦	0~60 cm 粉质壤土,60~100 cm 壤土,100~120 cm 粉土,120~240 cm 粉质壤土
MS17	160	200		25	40.01	53.23	小麦	0~20 cm 砂壤土,20~40 cm 壤土,40~100 cm 粉质壤土,100~120 cm 砂壤土,120~160 cm 粉质壤土
MS9	265	300		20	42.48	19.24	玉米	0~100 cm 粉质壤土,100~120 cm 壤土,120~180 cm 粉质壤土
YQ1	161	200		45	58.91	69.36	西红柿	0~15 cm 粉土,15~130 cm 亚黏土,130~160 cm 细砂
YQ10	135	150		20	29.33	41.18	打瓜	0~60 cm 亚黏土,60~130 cm 细砂
YQ11	207	250		45	54.95	32.97	打瓜	0~50 cm 亚黏土,50~100 cm 粉土,100~130 cm 亚黏土,130~180 cm 细砂,180~215 cm 亚黏土
YQ12	305	350		45	52.85	15.94	小麦	0~50 cm 粉土,50~180 cm 亚黏土,180~250 cm 细砂,250~320 cm 粉土
YQ13	110	150		45	44.16	69.53	小麦	0~120 cm 亚黏土
YQ14	138	150		45	30.34	6.32	小麦	0~70 cm 粉土,70~85 cm 细砂,85~170 cm 亚黏土
YQ15	60	100		45	47.21	64.97	小麦	0~60 cm 亚黏土
YQ16	51	100		45	47.16	65.11	小麦	0~70 cm 亚黏土
YQ17	108	150		45	44.72	61.67	小麦	0~120 cm 粉土

续表 5-8

编号	最大或偶测地下水埋深(cm)	模拟深度(cm)	平均埋深(cm)	灌水后水位上升值(cm)	净补给量(cm/a)	蒸发量(cm/a)	作物种类	岩性分层
YQ18	197	200	159	44	45.06	14.39	小麦	0~20 cm 粉土,20~40 cm 粉砂,40~60 cm 粉土,60~100 cm 细砂,100~150 cm 粉土
YQ19	178	200		45	43.17	24.89	小麦	0~60 cm 粉土,60~125 cm 亚黏土,125~150 cm 细砂,150~203 cm 亚黏土
YQ2	160	200		15	49.39	30.99	西红柿	0~90 cm 粉土,90~190 cm 细砂
YQ20	122	150		45	44.07	66.93	小麦	0~110 cm 亚黏土,110~150 cm 粉土
YQ21	220	250	140	10	56.37	15.54	葵花	0~80 cm 粉土,80~225 cm 细砂,225~235 cm 亚黏土
YQ23	228	250		20	51.75	18.10	小麦	0~150 cm 粉土,150~170 cm 细砂,170~190 cm 亚黏土,190~220 cm 细砂,220~250 cm 亚黏土
YQ24	145	150		45	30.13	60.32	玉米	0~170 cm 亚黏土
YQ25	255	300		45	25.51	27.68	玉米	0~240 cm 亚黏土,240~280 cm 粉砂
YQ29	165	200		20	47.81	57.21	小麦	0~140 cm 粉土,140~180 cm 细砂
YQ30	160	200		45	38.67	61.50	小麦	0~170 cm 亚黏土
YQ31	144	150		45	41.44	61.76	小麦	0~160 cm 亚黏土
YQ37	275	300		10	28.28	4.18	玉米	0~20 cm 粉土,20~170 cm 细砂,170~325 cm 亚黏土
YQ38	142	150		20	45.20	28.42	玉米	0~70 cm 粉土,70~155 cm 细砂
YQ4	165	200		5	47.68	5.76	小麦	0~40 cm 亚黏土,40~180 cm 细砂
YQ5	155	200		40	41.58	30.62	葵花	0~20 cm 粉土,20~80 cm 亚黏土,80~110 cm 细砂,110~135 cm 亚黏土,135~170 cm 细砂
YQ6	230	250		10	47.21	14.62	小麦	0~20 cm 粉土,20~170 cm 亚黏土,170~255 cm 中砂

续表 5-8

编号	最大或偶测地下水埋深(cm)	模拟深度(cm)	平均埋深(cm)	灌水后水位上升值(cm)	净补给量(cm/a)	蒸发量(cm/a)	作物种类	岩性分层
YQ8	160	200		10	40. 64	12. 49	小麦	0 ~ 10 cm 粉土,10 ~ 80 cm 亚黏土,80 ~ 170 cm 细砂
YY10	145	150		15	28. 28	4. 19	小麦	0 ~ 40 cm 粉土,40 ~ 150 cm 细砂
YY11	140	150		35	43. 53	59. 36	小麦	0 ~ 60 cm 粉土,60 ~ 110 cm 粉砂,110 ~ 150 cm 粉土
YY13	144	150		35	45. 34	60. 95	小麦	0 ~ 70 cm 粉土,70 ~ 160 cm 粉砂
YY14	140	150		10	40. 89	19. 75	打瓜	0 ~ 60 cm 粉土,60 ~ 140 cm 细砂
YY15	220	250	167	37	45. 26	36. 49	打瓜	0 ~ 300 cm 粉土
YY16	180	200		10	57. 72	46. 05	打瓜	0 ~ 140 cm 粉土,140 ~ 190 cm 细砂
YY17	140	150		15	33. 37	11. 60	葵花	0 ~ 60 cm 粉土,60 ~ 110 cm 细砂,110 ~ 130 cm 粉土,130 ~ 140 cm 细砂
YY19	172	200		30	40. 72	48. 51	小麦	0 ~ 70 cm 粉土,70 ~ 150 cm 粉砂,150 ~ 170 cm 粉土
YY21	105	150		30	46. 57	66. 59	小麦	0 ~ 60 cm 粉土,60 ~ 110 cm 粉砂
YY23	217	250	177	32	46. 20	27. 44	西红柿	0 ~ 200 cm 粉土
YY24	165	200		30	41. 11	54. 97	小麦	0 ~ 40 cm 粉土,40 ~ 150 cm 粉砂,150 ~ 190 cm 粉土
YY25	210	250		10	48. 31	40. 17	小麦	0 ~ 90 cm 粉土,90 ~ 120 cm 粉砂,120 ~ 180 cm 粉土,180 ~ 220 cm 细砂
YY26	135	150		15	48. 20	20. 73	小麦	0 ~ 70 cm 粉土,70 ~ 150 cm 细砂

续表 5-8

编号	最大或偶测地下水埋深(cm)	模拟深度(cm)	平均埋深(cm)	灌水后水位上升值(cm)	净补给量(cm/a)	蒸发量(cm/a)	作物种类	岩性分层
YY27	225	250		40	44.57	29.65	玉米	0~230 cm 粉土
YY28	280	300		45	54.36	27.99	玉米	0~115 cm 粉土,115~135 cm 粉砂,135~230 cm 粉土,230~290 cm 粉砂
YY3	179	200	147	45	45.94	37.02	打瓜	0~200 cm 粉土
YY32	250	250	238	5	48.61	4.32	玉米	0~110 cm 粗砂,110~140 cm 黏土,140~260 cm 细砂
YY34	130	150		40	43.32	58.51	小麦	0~150 cm 粉土
YY35	150	150		30	42.53	58.03	小麦	0~30 cm 粉土,30~100 cm 粉砂,100~190 cm 粉土
YY36	140	150		40	42.55	57.06	小麦	0~150 cm 粉土
YY39	155	200		15	44.90	18.92	小麦	0~70 cm 粉土,70~155 cm 细砂
YY41	250	250	155	89	39.31	52.40	玉米	0~100 cm 粉土,100~150 cm 粉砂,150~250 cm 粉土
YY42	140	150		10	41.82	12.40	小麦	0~50 cm 粉土,50~155 cm 细砂
YY48	235	250	222	13	34.53	0.73	小麦	0~20 cm 粉土,20~80 cm 细砂,80~100 cm 粉土,100~150 cm 粉质黏土
YY5	166	200		30	40.39	51.77	小麦	0~60 cm 粉土,60~140 cm 粉砂,140~220 cm 粉土
YY50	185	200		20	43.62	2.57	小麦	0~40 cm 粉土,40~115 cm 细砂,115~210 cm 粉土
YY55	105	150		30	47.14	63.67	小麦	0~90 cm 粉土,90~110 cm 细砂
YY57	160	200		35	40.71	51.60	小麦	0~140 cm 粉土,140~170 cm 粉砂
YY58	220	250	128	5	45.32	7.95	小麦	0~150 cm 粉土,150~200 cm 细砂
YY60	95	100		5	58.37	68.08	葵花	0~60 cm 粉土,60~110 cm 细砂
YY7	135	150		45	43.12	58.47	小麦	0~150 cm 粉土

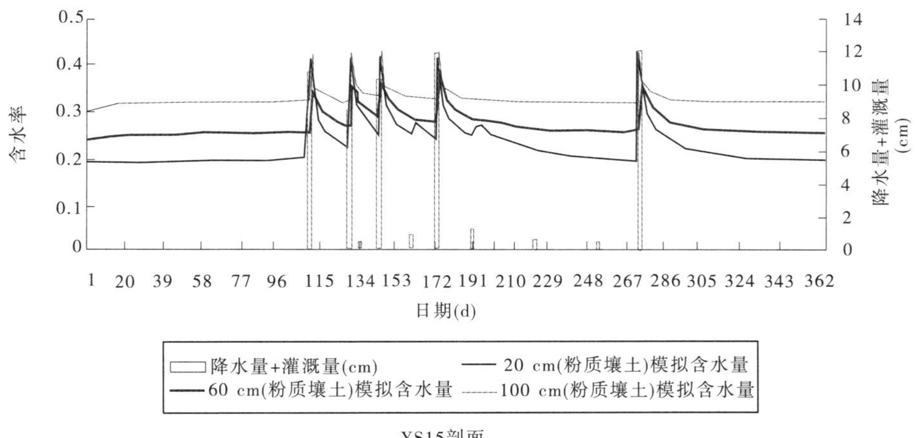

YS15剖面

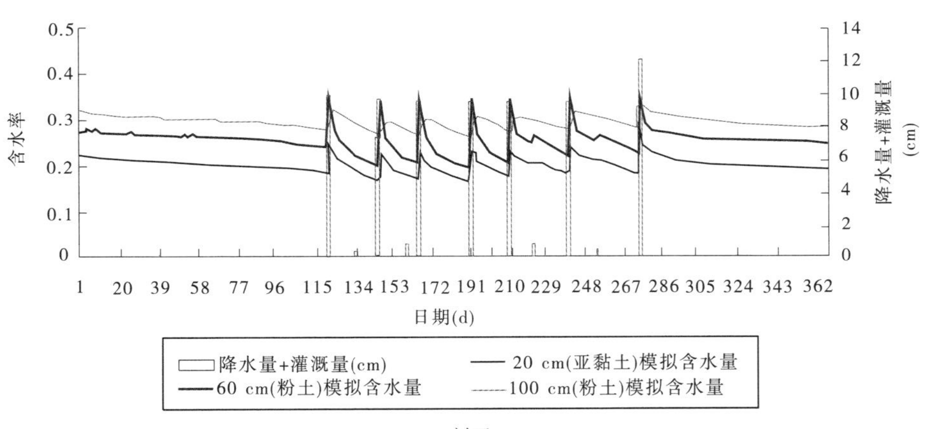

YQ11剖面

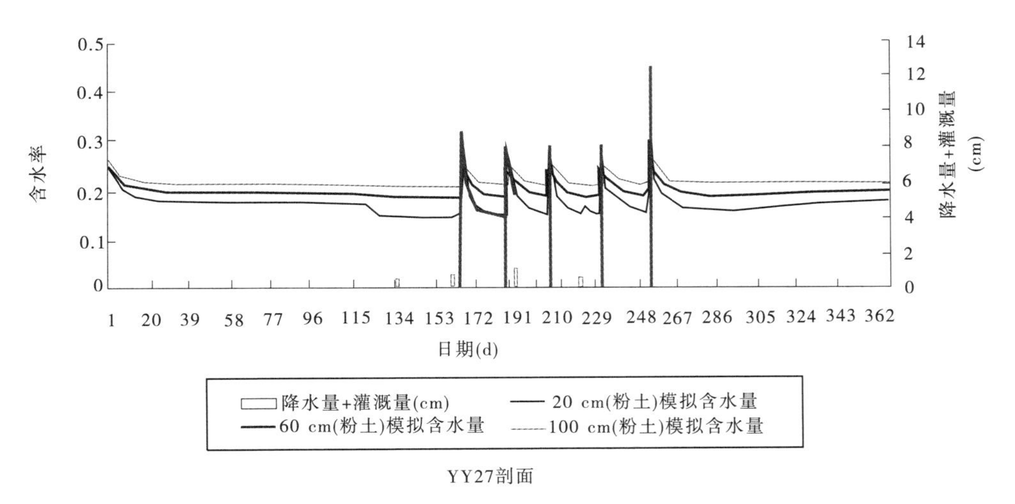

YY27剖面

图 5-5　焉耆县平原区代表性剖面典型深度模拟土壤含水量历时曲线

表 5-9　焉耆县平原区灌水后地下水抬升值对净补给量模拟结果的影响

编号	灌水后水位上升值（cm）	净补给量（cm/a）	蒸发量（cm/a）
MS17	45	58.07	71.29
MS17-1	25	40.01	53.23
MS9	45	49.07	25.92
MS9-1	20	42.48	19.24
YQ10	45	31.67	43.76
YQ10-1	20	29.33	41.18
YQ2	30	79.85	62.08
YQ2-1	15	49.39	30.99
YQ21-1	20	72.22	31.35
YQ21-2	10	56.37	15.54
YQ29	45	52.30	72.85
YQ29-1	20	47.81	57.21
YQ37	20	59.86	3.14
YQ37-1	10	28.28	4.18
YQ6-1	20	62.51	29.90
YQ6-2	10	47.21	14.62
YQ8	30	67.78	39.65
YQ8-1	10	40.64	12.49
YY14	35	90.35	69.55
YY14-1	10	40.89	19.75
YY16	40	84.03	72.63
YY16-1	10	57.72	46.05
YY23	32	60.81	42.64
YY23-1	10	46.20	27.44
YY25	30	56.55	48.37
YY25-1	15	52.03	43.87
YY25-2	10	48.31	40.17
YY26	30	67.57	40.20
YY26-1	15	48.20	20.73
YY3	67	57.33	49.37
YY3-1	45	45.94	37.02
YY32	10	63.36	19.37
YY32-1	5	48.61	4.32
YY39	35	71.64	45.64

续表 5-9

编号	灌水后水位上升值（cm）	净补给量（cm/a）	蒸发量（cm/a）
YY39-1	15	44.90	18.92
YY42	20	54.67	25.30
YY42-1	10	41.82	12.40
YY58-1	20	67.48	30.08
YY58-2	10	52.66	15.28
YY58-3	5	45.32	7.95
YY60	30	78.92	88.63
YY60-1	10	65.30	95.08
YY60-2	5	58.37	68.08

第二节　应用 MODFLOW 模型确定含水层渗透系数 *K* 的空间分布

本节在已有地质、水文地质资料和地下水动态观测资料的基础上，建立地下水流数值模型，获取焉耆县平原区潜水含水层特征参数——渗透系数 K 的空间分布，从而为潜水脆弱性评价中的含水层特性指标 A 赋值提供了能够刻画平面分布的高精度的数据。

一、MODFLOW 模型简介

MODFLOW 模型是美国地质调查局于 20 世纪 80 年代开发出的一套专门用于孔隙介质中地下水流动的三维有限差分数值模拟软件，是世界上使用最广泛的三维地下水水流数值模型。它是用基于网格的有限差分方法来刻画地下水流运动规律的计算机程序，通过把研究区在空间和时间上离散，建立研究区每个网格的水均衡方程式，所有网格方程联立成为一组大型的线性方程组，迭代求解方程组可以得到每个网格的水头值。

二、应用 MODFLOW－3D 模型确定含水层渗透系数 *K* 的空间分布

依据《新疆焉耆县地下水开发利用规划报告》（新疆绿水水资源科技服务有限责任公司，2008），地下水数值模拟范围的高斯投影坐标为：X（15 440 000 m，15 480 000 m），Y（4 630 000 m，4 680 000 m），详见彩图 5-2；根据岩性、生产井深度确定模拟深度为 150 ~200 m，模拟范围的底面高程在 830 ~960 m。

含水层概化：根据模型范围内的地质、水文地质条件分析，模拟区地下水主要接受侧向补给、渠系及田间灌溉水入渗补给、少量降水入渗补给。区内地层岩性变化比较复杂，冲洪积层相互穿插，含水层和弱透水层发育不完整。根据含水层空间结构特征，含水层概化为非均质各向异性含水层。在平面上，按含水层结构变化进行参数分区；在垂直方向

上,将整个含水系统分为 4 层,依次为潜水含水层、微承压含水层、浅层承压含水层、深层承压含水层。其中农用水源地为混层开采,开采层主要为第 3 层(浅层承压水);库尔勒城市水源地为分层开采,分别开采第 3 层(浅层承压含水)和第 4 层(深层承压含水)。

数学模型:4 层结构的非均质三维非稳定流数学模型。

求解方法:采用正交网格三维有限差分数值方法求解。采用等间距有限差分方法离散地下水模型,自动剖分,模拟范围内将含水层离散为 4 层、85 行、80 列,差分网格的大小为 500 m×500 m,网格平均单元面积 0. 25 km^2。模型计算区有效单元数为 3 118 个,面积为 780 km^2。

模型率定的依据:以 2005 年 9 月潜水实测渗流场作为模型率定的初始流场,2000 年 2 月~2001 年 2 月 9 个观测井地下水位动态资料及 2007 年地下水均衡结果见表 5-10。

表 5-10 焉耆县平原区现状年(2007)水均衡法计算的地下水均衡结果

补给项	补给量(万 m^3/a)	比例	排泄项	排泄量(万 m^3/a)	比例	均衡差(万 m^3/a)
地下水侧向补给	8 252. 85	0. 29	地下水侧向排泄量	1 363. 09	0. 05	
降雨入渗补给	141. 58	0. 01	潜水蒸发量	10 594. 25	0. 38	
渠系渗漏补给	9 394. 64	0. 33	人工开采量	5 330. 00	0. 19	
田间渗漏补给	6 068. 57	0. 22	排碱渠排泄量	10 570. 00	0. 38	
井灌回归渗漏补给	1 146. 12	0. 04				
开都河渗漏补给	1 081. 00	0. 04				
霍拉沟洪水渗漏补给	2 100. 00	0. 07				
合计	28 184. 76	1. 00		27 857. 34	1. 00	327. 42

参数率定结果:表 5-11 给出了经过识别后的各层含水层各分区的渗透系数 *K*,地下水参数平面分区见图 5-6。

表 5-11 焉耆县平原区地下水数值模拟识别后的渗透系数 *K*

层数	分区	渗透系数(m /d)
第 1 层	Ⅰ	0. 32
	Ⅱ	0. 54
	Ⅲ	1. 52
	Ⅳ	5. 80
第 2 层	Ⅰ	11. 30
	Ⅱ	20. 21
	Ⅲ	27. 54
	Ⅳ	38. 54

续表 5-11

层数	分区	渗透系数(m/d)
第 3 层	Ⅰ	0.58
	Ⅱ	1.78
	Ⅲ	4.25
	Ⅳ	8.63
第 4 层	Ⅰ	3.26
	Ⅱ	7.89
	Ⅲ	16.47
	Ⅳ	38.28

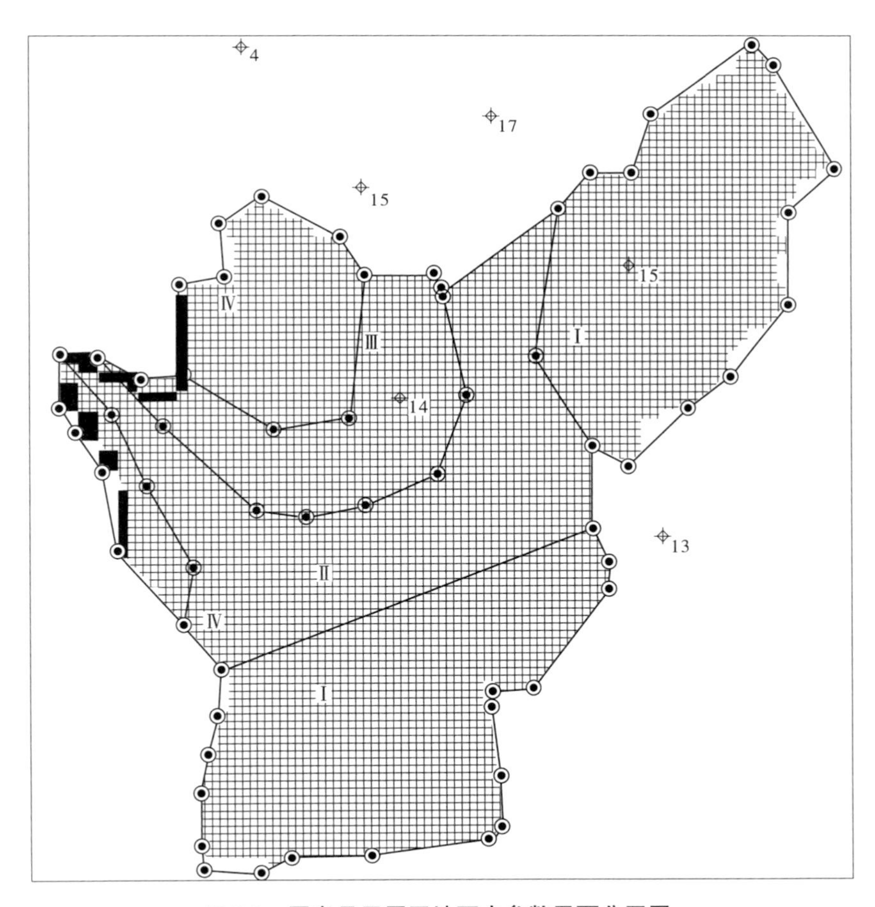

图 5-6　焉耆县平原区地下水参数平面分区图

第三节　应用基于数值模拟的耦合 DRAV 模型评价焉耆县平原区潜水脆弱性

一、地下水脆弱性评分

地下水埋深 *D*、含水层净补给量 *R*、含水层特性 *A* 和包气带岩性 *V* 的权重见表 3-1。

(一)地下水埋深 *D*

地下水埋深可以依据模拟的地下水位分布及评价区 DEM 地面标高数据确定。本书中的焉耆县平原区地下水埋深通过平水期(2009 年 8 ~ 9 月)统测确定,可以划分为≤1 m、1 ~ 2 m、2 ~ 3 m、3 ~ 5 m 和 >5 m。根据 DRAV 模型的评分原则,焉耆县平原区地下水埋深的赋分为 2 ~ 10,加权得分为 0.4 ~ 2.0(见表 5-12 和彩图 5-3)。

表 5-12　焉耆县平原区地下水埋深 *D* 脆弱性评分

地下水埋深(m)	≤1	1 ~ 2	2 ~ 3	3 ~ 5	>5	合计
赋分	10	8	6	4	2	
加权得分	2.0	1.6	1.2	0.8	0.4	
面积(km^2)	153.28	428.37	63.35	52.14	106.47	803.61
面积百分比(%)	19.07	53.31	7.88	6.49	13.25	100.00

(二)含水层净补给量 *R*

在 DRAV 模型中,净补给量是指单位面积内从地表垂直渗入到地下的水量。补给水是污染物向含水层运移的主要载体,它不但在包气带中垂向传输污染物,还控制着污染物在包气带及饱和带中的弥散和稀释作用。因此,净补给量越大,地下水受污染的可能性也越大。但当净补给量大到一定程度以致污染物被稀释时,地下水受污染的可能性将会减小。焉耆县平原区潜水净补给量为 25.51 ~ 58.91 cm/a(见表 5-8),此量难以稀释污染物。根据 DRAV 模型的评分原则,焉耆县平原区潜水含水层净补给量的赋分为 1 ~ 10,加权得分为 0.15 ~ 1.5(见表 5-13 和彩图 5-4)。

表 5-13　焉耆县平原区潜水含水层净补给量 *R* 脆弱性评分

净补给量(cm/a)	≤5	5 ~ 10	10 ~ 20	20 ~ 30	30 ~ 50	>50	合计
土地利用方式	其他	农村居民点	耕地				
赋分	1	2	4	6	8	10	
加权得分	0.15	0.3	0.6	0.9	1.2	1.5	
面积(km^2)	248.15	25.80	0	7.55	474.53	47.57	803.60
面积百分比(%)	30.88	3.21	0	0.94	59.05	5.92	100

（三）含水层特性 A

在焉耆县平原区，污染物进入潜水含水层后，主要通过潜水含水层（地下水流数值模拟的第1层）和与其有密切水力联系的微承压含水层（地下水流数值模拟的第2层）迁移。因此，根据表5-11计算第1层和第2层的平均 K 值作为含水层特性参数的定量指标（见表5-14）。渗透系数分级及赋分标准参考表2-6的标准（Aller, 1985）确定（见表5-15），焉耆县平原区含水层特性的赋分为1～10，加权得分为0.31～3.1（见表5-15和彩图5-5）。

表5-14　焉耆县平原区含水层特性 A（渗透系数 K）取值

分区	Ⅰ	Ⅱ	Ⅲ	Ⅳ
渗透系数（m/d）	5.8	10.4	14.5	22.2

表5-15　焉耆县平原区含水层特性 A（渗透系数 K）脆弱性评分表

渗透系数（m/d）	≤5	5～10	10～20	20～40	>40	合计
赋分	1	3	5	7	10	
加权得分	0.31	0.93	1.55	2.17	3.10	
面积（km^2）	0	412.20	303.20	88.20	0	803.60
面积百分比（%）	0	51.29	37.73	10.98	0	100.00

（四）包气带岩性 V

焉耆县平原区潜水含水层分布区包气带介质主要由亚黏土、粉土、细粉砂、砂砾石组成。根据DRAV模型的评分原则，焉耆县平原区包气带岩性的赋分为3～10，加权得分为1.02～3.40（见表5-16和彩图5-6）。

表5-16　焉耆县平原区包气带岩性 V 脆弱性评分表

包气带岩性	砂砾石	细粉砂	粉土	亚黏土	合计
赋分	10	7	5	3	
加权得分	3.40	2.38	1.7	1.02	
面积（km^2）	65.80	155.89	274.06	307.85	803.60
面积百分比（%）	8.19	19.40	34.10	38.31	100.00

二、脆弱性评价

（一）脆弱性指数 VI_i 的确定

在获得DRAV模型4个指标在研究区的评分图后，在GIS平台上利用空间分析技术将4张评分图叠加，得到焉耆县平原区孔隙潜水的脆弱性分区图（见彩图5-7）。焉耆县平原区地下水脆弱性划分为5个等级，按照指数由低到高的顺序依次为：≤2、2～4、4～6、6～8和>8（见表5-17）。

表 5-17 焉耆县平原区地下水脆弱性分级表

综合指数 VI_i	>8	8~6	6~4	4~2	≤2	合计
脆弱性状态	极高脆弱性	高脆弱性	中等脆弱性	低脆弱性	极低脆弱性	
面积(km^2)	5.87	108.00	577.07	112.66	0	803.60
面积百分比(%)	0.73	13.44	71.81	14.02	0	100.00

(二)脆弱性评价结果

由彩图 5-7 可得出以下结论:

(1)经统计,焉耆县平原区内地下水脆弱性综合指数≤2、2~4、4~6、6~8 和 >8 的区域面积分别占总面积的 0、14.02%、71.81%、13.44% 和 0.73%。

(2)在焉耆县平原区内,极高脆弱性(脆弱性指数 >8)区域的面积仅为 5.87 km^2;高脆弱性(脆弱性指数为 6~8)的区域主要分布在开都河南岸沿岸(包括库尔勒市城市地下水水源地),这是由于上述地区含水层富水性较好、包气带岩性颗粒较粗、含水层净补给量较大。

三、评价结果与潜水硝酸盐含量的一致性分析

焉耆县平原区以农业为主,农业活动已造成潜水硝酸盐污染。国内外大量实例表明,农业区潜水硝酸盐含量与潜水脆弱性关系较为密切,高脆弱性区潜水的硝酸盐含量往往较高,低脆弱性区潜水硝酸盐含量往往较低。焉耆县平原区潜水脆弱性分区及控制点硝酸盐含量分布状况见彩图 5-7。

从彩图 5-7 可以看出,硝酸盐含量大于 10 mg/L 的水点基本位于高脆弱性区或中等脆弱性区,硝酸盐含量小于 10 mg/L 的水点基本位于中等脆弱性区或低脆弱性区。由此说明,本书提出的耦合 DRAV 模型可以用于以农业为主的县域尺度潜水水质脆弱性评价。

第四节 小 结

通过探井或洛阳铲孔揭露获得焉耆县平原区地下水埋深 D 和包气带岩性 V 数据。通过 RS 技术获得土地利用现状数据,定性分析后认为在焉耆县平原区地下水净补给主要发生在耕地区,借助 HYDRUS-1D 模型对 7 个典型剖面的非饱和-饱和地下水流运动参数进行了拟合调参,在此基础上,对位于耕地区的 64 个剖面的地下水净补给量进行了模拟计算,较精确地获得不同耕地区含水层的净补给量 R(范围为 25.51~58.91 cm/a)。通过 MODFLOW-3D 模型较精确地获得评价区潜水含水层(第 1 层)与微承压含水层(第 2 层)的平均渗透系数 K 分布(东北部和东南部为 5.8 m/d,中部为 10.4~14.5 m/d,西北部为 22.2 m/d)。

在取得较准确的地下水埋深 D、地下水净补给量 R、含水层特征参数 A、包气带岩性 V 数据后,构建了基于数值模拟的耦合 DRAV 模型;利用 GIS 技术平台计算了地下水脆弱性

指数;依据脆弱性指数,将地下水脆弱性划分为极低脆弱性(脆弱性指数≤2)、低脆弱性(2～4)、中等脆弱性(4～6)、高脆弱性(6～8)和极高脆弱性(>8);评价结果表明:潜水脆弱性指数≤2、2～4、4～6、6～8和>8的区域面积分别占总面积的0、14.02%、71.81%、13.44%和0.73%,脆弱性指数6～8和>8的区域(即脆弱性相对较高的区域)占14.17%,主要分布在开都河南岸沿岸(包括库尔勒市城市地下水水源地),这是由于上述地区为主要的耕地分布区,含水层净补给量较大,含水层富水性较好,包气带岩性颗粒较粗。

焉耆县平原区以农业为主,农业活动易造成潜水硝酸盐污染。国内外大量实例表明,农业区潜水硝酸盐含量与潜水脆弱性关系较为密切,高脆弱性区潜水的硝酸盐含量一般较高,低脆弱性区潜水硝酸盐含量一般较低。研究区潜水脆弱性评价结果与潜水硝酸盐含量的一致性分析结果表明:硝酸盐含量大于10 mg/L的水点基本位于高脆弱性区或中等脆弱性区,硝酸盐含量小于10 mg/L的水点基本位于中等脆弱性区或低脆弱性区。由此说明,本书提出的耦合DRAV模型可以用于水文地质研究程度高、以农业为主的县域尺度潜水水质脆弱性评价。

从本章计算过程可以看出,基于数值模拟的耦合DRAV模型所需参数很多(包括包气带岩性、年内不同时期地下水统测数据、非饱和水流运动参数、地下水流运动参数、地下水动态数据等),且计算工作量较大。因此,耦合DRAV模型较适用于水文地质研究程度高、地下水动态数据完备、评价指标的数值在空间上变化较大、可以提供较准确的相关参数分布的地区。

第六章　结论与展望

第一节　结　论

地下水脆弱性是污染物进入地下水系统一个特定位置的可能性。它是一个相对的概念，所有的地下水都具有脆弱性。地下水脆弱性评价是区域地下水资源保护的重要手段，通过对地下水脆弱性的研究，区别不同地区2地下水的脆弱程度，圈定地下水污染的高风险区，提出合理的土地利用和地下水资源保护的对策和建议，实现地下水资源可持续利用。

本书以内陆干旱平原区地下水脆弱性为研究对象，在综述地下水脆弱性的定义、分类、研究意义、指标体系、评价方法、脆弱性制图等的基础上，综合野外地下水及包气带调查、地下水水质评价、土地利用遥感（RS）解译、非饱和地下水流数值模拟、饱和地下水流数值模拟、GIS等技术和方法，建立了内陆干旱平原区流域尺度和县域尺度地下水脆弱性评价指标体系及评价模型。通过分析讨论，可以得到以下结论：

（1）地下水脆弱性评价指标个数以4个为宜，迭置指数法具有较强的实用性，评价结果宜划分为极低脆弱性（脆弱性指数≤2）、低脆弱性（脆弱性指数2～4）、中等脆弱性（脆弱性指数4～6）、高脆弱性（脆弱性指数6～8）和极高脆弱性（脆弱性指数>8）。

（2）以新疆塔里木盆地平原区为例，构建了基于传统水文地质成果的流域地下水脆弱性评价模型——DRAV模型，其中*D*为地下水埋深、*R*为含水层净补给量、*A*为含水层特性（以单位涌水量为指标）、*V*为包气带岩性。

①确定各指标的权重为*D*(0.20)、*R*(0.15)、*A*(0.31)和*V*(0.34)，建立了4个指标的分级赋分标准，应用GIS技术完成脆弱性分区。

②评价结果表明：塔里木盆地平原区潜水脆弱性指数在≤2、2～4、4～6、6～8和>8的区域面积分别占塔里木盆地平原区总面积的0、10.11%、80.43%、9.22%和0.24%，脆弱性指数在后2个区段（6～8和>8）的区域（即脆弱性相对较高的区域）主要位于薄土层（包气带地表土壤层厚度仅为20～30 cm，其下部主要为砂砾石）和粉细砂层灌区，上述地区包气带中基本缺失亚砂土和亚黏土，同时灌溉水入渗补给量较大。

③确定了塔里木盆地平原区各流域地下水的$K^+ + Na^+$、Ca^{2+}、Mg^{2+}、$NH_4^+ - N$、Cl^-、SO_4^{2-}、HCO_3^-、F^-、COD_{Mn}、C_6H_5OH、总硬度、TDS和pH值等13项水质指标的污染起始值，对监测井的地下水水质污染现状进行了评价；地下水脆弱性评价结果与地下水污染现状评价结果一致性分析表明：在13个中度和重度污染点中有10个点（占77%）分布在脆弱性指数大于6的地段，即DRAV模型评价结果与流域地下水污染现状评价结果基本一致。

④DRAV模型考虑的指标系统全面，所需参数易于获得，评价结果合理，为类似地区

流域尺度地下水脆弱性评价提供了范例。

(3)以新疆焉耆县平原区为例,构建了基于遥感技术的县域地下水脆弱性评价模型——VLDA 模型。其中 V 为包气带岩性、L 为土地利用方式、D 为地下水埋深、A 为含水层特性,以单井涌水量为指标)。

①确定各指标的权重为 V 0.312、L 0.227、D 0.177 和 A 0.284,建立了4个评价指标的分级赋分标准,应用 GIS 技术完成脆弱性分区。

②评价结果表明:焉耆县平原区潜水脆弱性指数≤2、2~4、4~6、6~8 和 >8 的区域的面积分别占总面积的0、6.90%、63.52%、29.58%和0,脆弱性指数6~8 和 >8 的区域(即脆弱性相对较高的区域)占29.58%,主要分布在西北部地区(包括库尔勒市城市地下水水源地)和焉耆县城以东地区,这是由于上述地区为主要农业活动区,同时含水层富水性较好、包气带岩性颗粒较粗。

③焉耆县平原区以农业为主,农业活动已造成潜水硝酸盐污染。国内外大量实例表明,农业区潜水硝酸盐含量与潜水脆弱性关系较为密切,高脆弱性区潜水的硝酸盐含量往往较高,低脆弱性区潜水硝酸盐含量往往较低。焉耆县平原区潜水脆弱性分区及控制点硝酸盐含量分布一致性分析表明:硝酸盐含量大于10 mg/L 的水点基本位于高脆弱性区,硝酸盐含量小于10 mg/L 的水点基本位于中等脆弱性区或低脆弱性区;潜水硝酸盐含量与潜水脆弱性指数呈极显著相关关系($n=24$,$r=0.567\ 8$,$r_{0.01}=0.535$)。由此说明 VLDA 模型的评价结果是合理的。

④VLDA 模型可以用于以农业为主、水文地质研究程度较低、难以精确确定含水层净补给量的县域尺度潜水脆弱性评价。

(4)以焉耆县平原区为例,构建了基于数值模拟的县域地下水脆弱性评价的耦合 DRAV 模型。用 HYDRUS-1D 模型模拟计算净补给量 R,用 MODFLOW-3D 模型获得含水层渗透系数 K,应用 GIS 技术完成脆弱性分区。

①评价结果表明:潜水脆弱性指数≤2、2~4、4~6、6~8 和 >8 的区域面积分别占总面积的0、14.02%、71.81%、13.44%和0.73%,脆弱性指数6~8 和 >8 的区域(即脆弱性相对较高的区域)占14.17%,主要分布在开都河南岸沿岸(包括库尔勒市城市地下水水源地),这是由于上述地区为主要的耕地分布区,含水层净补给量较大,含水层富水性较好,包气带岩性颗粒较粗。

②地下水脆弱性评价结果与潜水硝酸盐含量的一致性分析结果表明:硝酸盐含量大于10 mg/L 的水点基本位于高脆弱性区或中等脆弱性区,硝酸盐含量小于10 mg/L 的水点基本位于中等脆弱性区或低脆弱性区。由此说明,本书提出的耦合 DRAV 模型可以用于水文地质研究程度高、以农业为主的县域尺度潜水水质脆弱性评价。

③在定性分析的基础上,将数值方法的模拟结果引入地下水脆弱性评价中,准确地刻画了脆弱性评价指标参数的分布,提高了地下水脆弱性评价精度。可以期望结合数值模拟的预测结果,给出地下水脆弱性的未来发展变化趋势,实现地下水脆弱性的动态评价。

第二节 展 望

(1)地下水脆弱性评价尺度问题。内陆干旱区地下水与地表水水力联系密切,水资源管理应以流域为单元,相应地,地下水脆弱性评价也应以流域为单元,只有这样,地下水脆弱性评价结果才能更好地为流域水资源管理服务。鉴于目前我国仍存在以县域(县市级行政区范围)为单元的水资源管理方式,建立与之配套的县域地下水脆弱性评价仍有应用价值。如何在兼顾评价者研究意图、脆弱系统时空特征及管理决策实施需要的基础上,选择适宜的尺度进行脆弱性评价,是地下水脆弱性评价研究面临的首要问题。

(2)以 DRASTIC 为代表的迭置指数法今后仍将得到广泛的应用。地下水脆弱性评价的方法有很多种,采用何种方法进行评价依赖于脆弱性评价的目的、数据的丰富程度、经费等。以 DRASTIC 为代表的迭置指数法今后仍将得到广泛的应用,该方法存在的不足之处需要通过结合地统计学、地下水运移模型、模糊数学等方法进行完善,同时在指标选择和参数赋值上需要进一步探索、研究。

(3)开发适合不同区域的基于 GIS 技术、过程模拟和非确定性的耦合模型。在全国各区域选择若干个典型地区,深入研究包气带对地下水脆弱性的影响,更多地获取与地下水脆弱性评价相伴随的非确定性方面的信息,并建立表征它们的方法;开发将 GIS 技术、过程模拟、非确定性和迭置指数法相耦合的综合评价方法,减少评价的非确定性,克服单一方法的不足。

(4)地下水脆弱性评价的综合性和规范化研究。地下水脆弱性应该是一个综合性和规范化的评价,目前地下水脆弱性编图千差万别,缺乏统一性和可比性。同时目前的地下水脆弱性评价大多是对各地区多年平均情况下的脆弱性评价,未考虑极端情况和未来情景,因而有必要加强地下水脆弱性评价的综合性和规范化研究,开发出地下水脆弱性评价的软件系统,为进一步深化地下水脆弱研究提供一个清晰完整的分析框架和计算平台。

致　谢

本书是在中国科学院地质与地球物理研究所攻读博士学位的学位论文基础上进行修改的,在即将付印出版时,不禁回想起3年来在中国科学院研究生院和地质与地球物理研究所充实难忘、收获颇丰的学习生涯中的点点滴滴,对师长和亲友的感激之情如泉水般汩汩流淌……

首先感谢我的导师,中国科学院地质与地球物理研究所工程地质与水资源研究室主任李国敏研究员,论文从选题到定稿、答辩、修改都是在导师的精心指导下完成的。

感谢全国政协常委、原新疆农业大学科研管理处处长、现新疆水利厅副厅长董新光教授,中国地质大学(武汉)环境学院靳孟贵教授、梁杏教授,新疆农业大学水利与土木工程学院院长侍克斌教授、姜卉芳教授,中国地质大学(北京)水资源与环境学院沈照理教授、邵景力教授、崔亚莉教授等多年来对我在生活、科研、学习等方面的关照和鼓励!

感谢中国地质大学(武汉)环境学院刘延锋副教授,新疆农业大学水利与土木工程学院刘丰副教授、贺铮副教授、郭玉川博士研究生、吴彬副教授,新疆绿水水资源科技服务有限责任公司刘兴俊高级工程师、曾新燕女士,中国科学院地质与地球物理研究所董艳辉博士、黎明博士、王志民博士、徐海珍博士研究生、周鹏鹏硕士研究生、乔小娟博士研究生、张元博士研究生,清华大学水利水电系钟瑞森博士,中国地质大学(北京)水资源与环境学院蒋小伟博士研究生等在论文完成过程中给予我无私的帮助!

感谢论文评阅人、答辩委员会主席邵景力教授(中国地质大学(北京)水资源与环境学院),论文评阅人、答辩委员会委员郭永海研究员(核工业北京地质研究院)、宋献方研究员(中国科学院地理科学与资源研究所)、王明玉教授(中国科学院研究生院)、戴福初研究员(中国科学院地质与地球物理研究所)在百忙中仔细地审阅了论文,对论文给予高度评价,并且提出了宝贵意见和建议,使得本书的学术价值进一步提高。

感谢新疆巴音郭楞蒙古自治州水管处陈跃滨处长、姚新华副处长,焉耆县水利局麻志国局长等在试验、调查过程中给予的大力帮助!

感谢中国科学院地质与地球物理研究所教育处苏宏主管、李铁胜博士在学习上给我提供了便利条件!

感谢我的学生,中国地质大学(武汉)环境学院郭晓静、栗现文和新疆农业大学水利与土木工程学院王毅萍、李巧、赵玉杰同学,他们积极协助本人完成了科研课题中大量数据的整理工作。借此机会,我要向他们表示深深的感谢和对他们今后学习、工作、生活的深深祝福!

最后，我要感谢我的家人多年来的无私奉献，是他们在我学习和工作最繁忙的时候，给予我生活中无微不至的关爱和精神上的大力支持。

周金龙

2010 年 1 月 18 日于北京

参 考 文 献

[1] Adams B, Foster SSD. Land – surface zoning for groundwater protection[J]. Journal Institution of Water and Environmental Management, 1992(6):312-320.

[2] Al-Adamat R A N, Foster I D L, Baban S M J. Groundwater vulnerability and risk mapping for the Basaltic aquifer of the Azraq basin of Jordan using GIS, remote sensing and DRASTIC[J]. Applied Geography, 2003, 23:303-324.

[3] Al-Hanbali A, Kondoh A. Groundwater vulnerability assessment and evaluation of human activity impact (HAI) within the Dead Sea groundwater basin, Jordan[J]. Hydrogeology Journal, 2008, 16:499-510.

[4] Aller L, Bennet T, Lehr J H, et al. DRASTIC: A standardized system for evaluating groundwater pollution potential using hydrogeological setting[C] //Anon. U. S. Environmental Protection Agency, Ada (Oklahoma), USA, 1987, 37(13):220-225.

[5] Almasri M N. Assessment of intrinsic vulnerability to contamination for Gaza coastal aquifer [J]. Palestine Journal of Environmental Management, 2008:1-17.

[6] Andreo B, Ravbar N, Vías J M. Source vulnerability mapping in carbonate (karst) aquifers by extension of the COP method: application to pilot sites[J]. Hydrogeology Journal, 2009, 17:749-758.

[7] Antonakos A K, Lambrakis N J. Development and testing of three hybrid methods for the assessment of aquifer vulnerability to nitrates, based on the drastic model, an example from NE Korinthia, Greece [J]. Journal of Hydrology, 2007, 333:288-304.

[8] Assaf H, Saadeh M. Geostatistical Assessment of Groundwater Nitrate Contamination with Reflection on DRASTIC Vulnerability Assessment: The Case of the Upper Litani Basin, Lebanon[J]. Water Resour Manage, 2009, 23:775-796.

[9] Assessing Vulnerability of Groundwater [DB/OL]. http://groundwater. ucdavis. edu/Publications. htm.

[10] Barber C, Bates L E, Barron R, et al. Allison. Comparison of standardized and region-specific methods for assessment of the vulnerability of groundwater to pollution; a case study in an agricultural catchment (in Shallow groundwater systems) [J]. International Contributions to Hydrogeology, 1998, 18:87-96.

[11] Bekesi G, Mc Conchie J. The use of aquifer-media characteristics to model vulnerability to contamination, Manawatu region, New Zealand[J]. Hydrogeology Journal, 2002, 10:322-331.

[12] Bojórquez-Tapia L A, Cruz-Bello G M, Luna-González L, et al. V-DRASTIC: Using visualization to engage policymakers in groundwater vulnerability assessment[J]. Journal of Hydrology, 2009, 373:242-255.

[13] Bokar H. 利用GIS制图方法对长春市地下水污染环境和易损性评价研究[D]. 长春:吉林大学, 2004.

[14] Bukowski P, Bromek T, Augustyniak I. Using the DRASTIC System to Assess the Vulnerability of Ground Water to Pollution in Mined Areas of the Upper Silesian Coal Basin[J]. Mine Water and the Environment, 2006, 25:15-22.

[15] Burkart M R, Kolpin D W, J ames D E. Assessing groundwater vulnerability to agrichemical contamination

in the Midwest US[J]. Water Science and Technology,1999,39:103-112.

[16] Butscher C,Huggenberger P. Enhanced vulnerability assessment in karst areas by combining mapping with modeling approaches[J]. Science of the total Environment,2009,407:1153-1163.

[17] Ceplecha Z L,Waskom R M,Bauder T A,et al. Vulnerability assessments of Colorado groundwater to nitrate contamination[J]. Water,Air,and Soil Pollution,2004,159:373-394.

[18] Chitsazan M,Akhtari Y. A GIS-based DRASTIC Model for Assessing Aquifer Vulnerability in Kherran Plain,Khuzestan,Iran[J]. Water Resour Manage,2009,23:1137-1155.

[19] Daly D,Dassargues A,Drew D,et al. Main concepts of the"Eurpean Approach"for (karst) groundwater vulnerability assessment and mapping[J]. Hydrogeological Journal,2002,10 (2):340 - 345.

[20] Denny S C,Allen M D,Journeay J M. DRASTIC-Fm:a modified vulnerability mapping method for structurally controlled aquifers in the southern Gulf Islands,British Columbia,Canada[J]. Hydrogeology Journal, 2007,15:483-493.

[21] Dimitra R C,Sdao F,Masi S. Pollution risk assessment based on hydrogeological data and management of solid waste landfills [J] . Engineering Geology,2006,85:122-131.

[22] Dixon B,李大秋,Earls J,等. 地下水脆弱性评价方法研究[J]. 环境保护科学,2007,33(5):64-67.

[23] Dixon B. Applicability of neuro-fuzzy techniques in predicting ground-water vulnerability:a GIS-based sensitivity analysis [J] . Journal of Hydrology,2005a,309:17-38.

[24] Dixon B. Groundwater vulnerability mapping:A GIS and fuzzy rule based integrated tool[J]. Applied Geography,2005b,25:327-347.

[25] Ducci D. GIS Techniques for Mapping Groundwater Contamination Risk[J]. Natural Hazards,1999,20:279-294.

[26] Duijvenbooden W,Van Waegengh H G. Vulnerability of soil and groundwater to pollutants [R]. Proceedings International Conference. Steasdrukkerij,Gravenhage,Netherlands,1987.

[27] Edet A E. Vulnerability evaluation of a coastal plain sand aquifer with a case example from Calabar, southeastern Nigeria[J]. Environmental Geology,2004,45(8):1062-1070.

[28] Fennemore G G,Davis A,Goss L,et al. A Rapid Screening-Level Method to Optimize Location of Infiltration Ponds[J]. Ground Water,2001,39(2):230-238.

[29] Foster S S D. Vulnerability of soil and groundwater to pollutions[J]. Hydrological Proceedings and Information,1987,20(17):116-121.

[30] Fournier M,Massei N,Bakalowicz M,et al. Using turbidity dynamics and geochemical variability as a tool for understanding the behavior and vulnerability of a karst aquifer[J]. Hydrogeology Journal,2007, 15:689-704.

[31] Frind E O,Molson JW,Rudolph D L. Well Vulnerability:A Quantitative Approach for Source Water Protection[J]. Ground Water,2006,44(5):732-742.

[32] Fritch T G,Cleavy L M,Yelderman Jr J C,et al. An Aquifer Vulnerability Assessment of the Paluxy Aquifer, Central Texas,USA,Using GIS and a Modified DRASTIC Approach[J]. Environmental Management, 2000,25(3):337-345.

[33] Gogu R C, Dassargues A. Current trends and future challenges in ground water vulnerability assessment using overly and index methods[J]. Environmental Geology, 2000, 39(6): 549-559.

[34] Goldscheider N. Karst groundwater vulnerability mapping: application of a new method in the Swabian Alb, Germany[J]. Hydrogeology Journal, 2005, 13: 555-564.

[35] Guo Q, Wang Y, Gao X, et al. A new model (DRARCH) for assessing groundwater vulnerability to arsenic contamination at basin scale: A case study in Taiyuan basin, northern China [J]. Environmental Geology, 2007, 52 (5): 923-932.

[36] Hinkle S R, Kauffman L J, Thomas M A, et al. Combining particle-tracking and geochemical data to assess public supply well vulnerability to arsenic and uranium[J]. Journal of Hydrology, 2009, 376: 132-142.

[37] Hiscock K M, Lovett A A, Brainard J S, et al. Groundwater vulnerability assessment: two case studies using GIS methodlogy[J]. Quarterly Journal of Engineering Geology, 1995, 28(2), 179-194.

[38] Holman I P, Palmer R C, Bellamy P H, et al. Validation of an intrinsic groundwater pollution vulnerability methodology using a national nitrate database[J]. Hydrogeology Journal, 2005, 13: 665-674.

[39] Hrkal Z. Vulnerability of groundwater to acid deposition, Jizerské Mountains, northern Czech Republic: construction and reliability of a GIS-based vulnerability map[J]. Hydrogeology Journal, 2001, 9: 348-357.

[40] Ibe K M, Nwankwor G I, Onyekuru S O. Assessment of ground water vulnerability and its application to the development of protection strategy for the water supply aquifer in Owerri, southeastern Nigeria [J]. Environmental Monitoring and Assessment, 2001, 67 (3): 323 - 360.

[41] Jamrah A, Al-Futaisi A, Rajmohan N, et al. Assessment of groundwater vulnerability in the coastal region of Oman using DRASTIC index method in GIS environment[J]. Environ Monit Assess, 2008, 147: 125-138.

[42] Kabbour B B, Zouhri L, Mania J, et al. Assessing groundwater contamination risk using the DASTI/IDRISI GIS method: coastal system of western Mamora, Morocco[J]. Bull Eng Geol Environ, 2006, 65: 463-470.

[43] Karimova O A. Assessment of Groundwater Vulnerability to Contamination by Organochlorine Pesticides in the Area of Caucasian Mineral Water[J]. Water Resources, 2003, 30(1): 103-108.

[44] Kim Y L, Hamm S Y. Assessment of the potential for groundwater contamination using the DRASTIC/EGIS technique, Cheongju area, South Korea[J]. Hydrogeology Journal, 1999, 7: 227-235.

[45] Kralik M, Keimel T. Time-Input, an innovative groundwater- vulmerability assessment scheme: application to an alpine test site[J]. Environmental Geology, 2003, 44(6): 679-686.

[46] Kuisi M A, Abdel-Fattah A. Groundwater vulnerability to selenium in semi-arid environments: Amman Zarqa Basin, Jordan[J]. Environ Geochem Health, DOI 10. 1007/s10653-009-9269-y.

[47] Kylee M, Johne M. Development and Application of a Regional-Scale Pesticide Transport and Groundwater Vulnerability Model[J] . Environmental and Engineering Geoscience, 2005, 11(3): 271-284.

[48] Lakea I R, Lovetta A A, Hiscockb K M, et al. Evaluating factors influencing groundwater vulnerability to nitrate pollution: Developing the potential of GIS[J]. Journal of Environmental Management, 2003, 68: 315-328.

[49] Lasserrea F, Razacka M, Bantonb O. A GIS-linked model for the assessment of nitrate contamination in groundwater [J]. Journal of Hydrology, 1999, 224:81- 90.

[50] Lee S. Evaluation of waste disposal site using the DRASTIC system in Southern Korea[J]. Environmental Geology, 2003, 44:654-664.

[51] Lim J W, Bae G O, Lee K K. Groundwater vulnerability assessment by determining maximum contaminant loading limit in the vicinity of pumping wells[J]. Geosciences Journal, 2009, 13(1): 79-85.

[52] Liu Rentao, Fu Qiang, GAI Zhaomei, et al. Entropy Weight Coefficient Model and Its Application in Evaluation of Groundwater Vulnerability of the Sanjiang Plain[J]. Journal of Northeast Agriculture University (English Edition), 2007, 14 (4):368-373.

[53] Mao Yuan yuan, Zhang Xue gang, Wang Lian sheng. Fuzzy pattern recognition method for assessing groundwater vulnerability to pollution in the Zhangji area[J]. Zhejiang Univ Science: A, 2006, 7 (11): 1917 -1922.

[54] Masetti M, Poli S, Sterlacchini S. The Use of the Weights-of-Evidence Modeling Technique to Estimate the Vulnerability of Groundwater to Nitrate Contamination[J]. Natural Resources Research, 2007, 16(2): 109-119.

[55] Masetti M, Sterlacchini S, Ballabio C, et al. Influence of threshold value in the use of statistical methods for groundwater vulnerability assessment[J]. Science of the Total Environment, 2009, 407: 3836-3846.

[56] Mayers L. GIS-Based approach to evaluating regional groundwater pollution potential with DRASTIC[J]. Journal of Soil and Water Conservation, 1990, 45 (2):138-144.

[57] Mazari-Hiriart M, Cruz-Bello G, Bojo′rquez-Tapial A, et al. Groundwater Vulnerability Assessment for Organic Compounds: Fuzzy Multicriteria Approach for Mexico City[J]. Environmental Management, 2006, 37(3):410-421.

[58] Meinardi C R, Beusen A H W, Bollen M J S, et al. Vulnerability to diffuse pollution and average nitrate contamination of European soils and groundwater [J]. Water Science and Technology, 1995, 31: 159-165.

[59] Mejia J A, Rodriguez R, Armienta A, et al. Fiorucci. Aquifer Vulnerability Zoning, an Indicator of Atmospheric Pollutants Input? Vanadium in the Salamanca Aquifer, Mexico[J]. Water Air Soil Pollut, 2007, 185: 95-100.

[60] Misstear BDR, Brown L, Daly D. A methodology for making initial estimates of groundwater recharge from groundwater vulnerability mapping[J]. Hydrogeology Journal, 2009, 17:275-285.

[61] Mohammadi K, Niknam R, Majd VJ. Aquifer vulnerability assessment using GIS and fuzzy system: a case study in Tehran-Karaj aquifer, Iran[J]. Environ Geol, 2009, 58(2):437-446.

[62] Muhammetoglu H, Muhammetoglu A, Soyupak S. Vulnerability of groundwater pollution from agricultural diffuse sources; a case study (in Diffuse/non-point pollution and watershed management; proceedings of the 5th international conference on Diffuse pollution) [J]. Water Science and Technology, 2002, 45(9): 1-7.

[63] National Research Council(U. S.). Ground water vulnerability assessment - predicting relative contamina-

tion potential under conditions of uncertainty [M]. Committee on Techniques for Assessing Ground Water Vulnerability. National Research Council. National Academy Press, Washington. DC, 1993, 204.

[64] Neukum C, Azzam R. Quantitative assessment of intrinsic groundwater vulnerability to contamination using numerical simulations[J]. Science of the Total Environment, 2009, 408: 245-254.

[65] Neukum C, Hotzl H, Himmelsbach T. Validation of vulnerability mapping methods by field investigations and numerical modeling[J]. Hydrogeology Journal, 2008, 16: 641-658.

[66] Nguyet VTM, Goldscheider N. A simplified methodology for mapping groundwater vulnerability and contamination risk, and its first application in a tropical karst area, Vietnam[J]. Hydrogeology Journal, 2006, 14: 1666-1675.

[67] Nobre R C M, Filho O C R, Mansur W J, et al. Groundwater vulnerability and risk mapping using GIS, modeling and a fuzzy logic tool [J]. Journal of Contaminant Hydrology, 2007, 94: 277-292.

[68] Nolan B T. Relating nitrogen sources and aquifer susceptibility to nitrate in shallow ground water of the United States [J]. Ground Water, 2001, 39 (2): 290-229.

[69] Panagopoulos G P, Antonakos A K, Lambrakis N J. Optimization of the DRASTIC method for groundwater vulnerability assessment via the use of simple statistical methods and GIS[J]. Hydrogeology Journal, 2006, 14: 894-911.

[70] Pochon A, Tripet J P, Kozel R, et al. Groundwater protection in fractured media: a vulnerability-based approach for delineating protection zones in Switzerland[J]. Hydrogeology Journal, 2008, 16: 1267-1281.

[71] Popescu I C, Gardin N, Brouyere S, et al. Groundwater vulnerability assessment using physically-based modelling; from challenges to pragmatic solutions (in Calibration and reliability in groundwater modelling; credibility of modelling). IAHS-AISH Publication, 2008, 320: 83-88 .

[72] Rassam D W, Cook F J. Numerical simulations of water flow and solute transport applied to acidsulfate soils[J]. Journal of Irrigation and Drainage Engineering, 2002, 128(2): 107-115.

[73] Ravbar N, Goldscheider N. Comparative application of four methods of groundwater vulnerability mapping in a Slovene karst catchment[J]. Hydrogeology Journal, 2009, 17: 725-733.

[74] Robbins N S. Recharge: the key to groundwater pollution and aquifer vulnerability (in Groundwater pollution, aquifer recharge and vulnerability, Robbins). Geological Society Special Publications, 1998, 130: 1-5.

[75] Rotich H K: 北京市垃圾填埋场污染风险评价[D]. 长春: 吉林大学, 2006.

[76] Rupert M G. Calibration of the DRASTIC ground water vulnerability mapping method [J]. Ground Water, 2001, 39(4): 625-630.

[77] Sadek M A, El-Samie S G A. Pollution vulnerability of the Quaternary aquifer near Cairo, Egypt, as indicated by isotopes and hydrochemistry [J]. Hydrogeology Journal, 2001, 9: 273-281.

[78] Schlosser S A, McCray J E, Murray K E, et al. A Subregional-Scale Method to Assess Aquifer Vulnerability to Pesticides[J]. Ground Water, 2002, 40(4): 361-367.

[79] Seabra V S, Silva G C J, Cruz C B M. The use of geoprocessing to assess vulnerability on the east coast aquifers of Rio de Janeiro State, Brazil[J]. Environ Geol, 2009, 57: 665-674.

[80] Secunda S, Collin M L, Melloul A J. Groundwater vulnerability assessment using a composite model combining DRASTIC with extensive agricultural land use in Israel' s Sharon region [J]. Journal of Environmental Management, 1998, 54: 39-57.

[81] Seifert D, Sonnenborg T O, Scharling P, et al. Use of alternative conceptual models to assess the impact of a buried valley on groundwater vulnerability[J]. Hydrogeology Journal, 2008, 16: 659-674.

[82] Sener E, Sener S, Davraz A. Assessment of aquifer vulnerability based on GIS and DRASTIC methods: a case study of the Senirkent-Uluborlu Basin (Isparta, Turkey) [J]. Hydrogeology Journal, 2009, DOI 10.1007/s 10040-009-0497-0.

[83] Simsek C, Gemici U, Filiz S. An assessment of surficial aquifer vulnerability and groundwater pollution from a hazardous landfill site, Torbali/Turkey[J]. Geosciences Journal, 2008, 12(1): 69-82.

[84] Simunek J, M Sejna, M Th van Genuchten. The Hydrus-1D Software Package for Simulating the One- Dimensional Movement of Water, Heat, and Multiple Solutes in Variably-Saturated Media. http://www.ussl.ars.usda.gov, 1998.

[85] Sinan M, Razack M. An extension to the DRASTIC model to assess groundwater vulnerability to pollution: application to the Haouz aquifer of Marrakech (Morocco) [J]. Environ Geol, 2009, 57: 349-363.

[86] Soutter M, Musy A. Coupling 1D Monte-Carlo simulations and geostatistics to assess groundwater vulnerability to pesticide contamination on a regional scale[J]. Journal of Contaminant Hydrology, 1998, 32: 25-39.

[87] Stigter T Y, Ribeiro L, Carvalho Dill A M M. Evaluation of an intrinsic and a specific vulnerability assessment method in comparison with groundwater salinisation and nitrate contamination levels in two agricultural regions in the south of Portugal[J]. Hydrogeol J, 2006, 14: 79-99.

[88] Tang Ligua, Zhang Sicong, Yao Wenfeng. The assessment of groundwater vulnerability in China (in Water quality and sediment behaviour of the future; predictions for the 21st century)[J]. IAHS-AISH Publication, 2007, 314: 278-285.

[89] Tesoriero A J, Tran K D. Predicting the probability of elevated nit rate concentration in the Puget Sound basin: Implications for aquifer susceptibility and vulnerability [J]. Ground Water, 1997, 35 (6): 1029-1039.

[90] Thapinta A, Hudak P F. Use of geographic information systems for assessing groundwater pollution potential by pesticides in Central Thailand [J]. Environment International, 2003, 29: 87-93.

[91] The European Union experience on groundwater vulnerability assessment and mapping [DB/OL]. http://www.teriin. Org/ teriwr/coastin/papers/paper1. htm.

[92] Thirumalaivasan D, Karmegam M, Venugopal K. AHP-DRASTIC: software for specific aquifer vulnerability assessment using DRASTIC model and GIS [J]. Environmental Modeling & Software, 2003, 18: 645-656.

[93] Todd G F, Cleavy L M, Joe C Y. An aquifer Vulnerability assessment of the Paluxy aquifer, central Texas, USA, using GIS and modified DRASTIC approach[J]. Environmental Management, 2000, 25(3): 337-345.

[94] Umar R, Ahmed I, Alam F. Mapping Groundwater Vulnerable Zones Using Modified DRASTIC Approach

of an Alluvial Aquifer in Parts of Central Ganga Plain, Western Uttar Pradesh[J]. Journal Geological Society of India, 2009, 173: 193-201.

[95] Uricchio V F, Giordano R, Lopez N. A fuzzy knowledge-based decision support system for groundwater pollution risk evaluation [J]. Journal of Environmental Management, 2004, 73: 189-197.

[96] Van Genuchten M Th. A Closed-Form Equation for Predicting the Hydraulic Conductivity of Unsaturated Soils[J]. Soil Science Society American Journal, 1980, 44: 892-898.

[97] Vias JM, Andreo B, Perles MJ, et al. Proposed method for groundwater vulnerability mapping in carbonate (karstic) aquifers: the COP method Application in two pilot sites in Southern Spain[J]. Hydrogeology Journal, 2006, 14: 912-925.

[98] Vierhuff H. Classification of groundwater resources for regional planning with regard to their vulnerability to pollution (in Quality of groundwater; proceedings of an international symposium) [J]. Studies in Environmental Science (Amsterdam), 1981, 17: 1101-1105.

[99] Vrba J, Zaporozec A. Guidebook on mapping groundwater vulnerability[M]. Intemational Association of Hydrogeologists (International Contributions to Hydrogeology 16), Verlag Heinz Heinz Heise, Hannover, 1994, 1-120.

[100] Werz H, Hotzl H. Groundwater risk intensity mapping in semi-arid regions using optical remote sensing data as an additional tool[J]. Hydrogeology Journal, 2007, 15: 1031-1049.

[101] Worrall F, Besien T, Kolpin D W. Groundwater vulnerability: Interactions of chemical and site properties [J]. The Science of the Total Environment, 2002, 299: 131-143.

[102] Worrall F, Besien T. The vulnerability of groundwater to pesticide contamination estimated directly from observations of presence or absence in wells[J]. Journal of Hydrology, 2005, 33(1): 92-107.

[103] Xiaohu Wen, Jun Wu, Jianhua Si. A GIS-based DRASTIC model for assessing shallow groundwater vulnerability in the Zhangye Basin, northwestern China[J]. Environ Geol, 2009, 57: 1435-1442.

[104] Zektser I S, Karimova O A, Bujuoli J, et al. Regional Estimation of Fresh Groundwater Vulnerability: Methodological Aspects and Practical Applications[J]. Water Resources, 2004, 31(6): 595-600.

[105] Zhou Huicheng, Wang Guoli, Yang Qing. A multi-objective fuzzy recognition model for assessing groundwater vulnerability based on the DRASTIC system [J]. Hydrological Sciences, 1999, 44 (4): 611-618.

[106] 白利平,王业耀. 地下水脆弱性评价研究综述[J]. 工程勘察,2009(4):43-48.

[107] 北京市地质矿产勘查开发局,北京市水文地质工程地质大队. 北京地下水[M]. 北京:中国大地出版社,2008.

[108] 毕经伟,张佳宝,陈效民,等. 农田土壤中土壤水渗漏与硝态氮淋失的模拟研究[J]. 灌溉排水学报,2003,22(6):23-26.

[109] 毕经伟,张佳宝,陈效民,等. 应用HYDRUS-1D模型模拟农田土壤水渗漏及硝态氮淋失特征[J]. 农村生态环境,2004,20(2):28 - 32.

[110] 卞建民,李立军,杨坡. 吉林省通榆县地下水脆弱性研究[J]. 水资源保护,2008,24(3):4-7.

[111] 卞玉梅,赵英. 辽河下游平原地区地下水脆弱性评价[J]. 国土资源,2008(S1):102-103.

[112] 曹巧红,龚元石. 降水影响冬小麦灌溉农田水分渗漏和氮淋失模拟分析[J]. 中国农业大学学

报,2003a,8(1):37-42.

[113] 曹巧红,龚元石. 应用 Hydrus-1D 模型模拟分析冬小麦农田水分氮素运移特征[J]. 植物营养与肥料学报, 2003b,9(2):139-145.

[114] 陈浩,王贵玲,侯新伟,等. 城市周边地下水系统脆弱性评价——以栾城县为例[J]. 水文地质工程地质,2006(5):103-105.

[115] 陈鸿汉,刘明柱. 地下水饮用水源保护的分析及建议[J]. 环境保护,2007(1B):58-60.

[116] 陈康宁,董增川,崔志清. 基于分形理论的区域水资源系统脆弱性评价[J]. 水资源保护,2008,24(3):24-26.

[117] 陈美贞,杨世瑜. 丽江盆地城市地下水脆弱性评价[J]. 云南地质,2006,25(2):256-266.

[118] 陈美贞. 丽江市城市水资源及地下水脆弱性研究[D]. 昆明:昆明理工大学,2006.

[119] 陈梦熊. 地下水资源图编图方法指南[M]. 北京:地质出版社,2001.

[120] 陈守煜,伏广涛,周惠成,等. 含水层脆弱性模糊分析评价模型与方法[J]. 水利学报,2002(7):23-30.

[121] 陈守煜,王国利. 含水层脆弱性的模糊优选迭代评价模型及应用[J]. 大连理工大学学报,1999,39(6): 811-815.

[122] 陈守煜,周梅春. 人工神经网络模拟实现与应用[M]. 武汉:中国地质大学出版社,2000.

[123] 陈守煜. 工程水文水资源系统模糊集分析理论与实践[M]. 大连:大连理工大学出版社,1998.

[124] 陈学群. 莱州市地下水脆弱性评价研究[D]. 济南:山东大学,2006.

[125] 楚文海,刘奇,李江,等. 基于 GIS 应用 DRASTIC 模型评价贵阳市地下水污染风险[J]. 地下水,2007, 29(1): 88-90.

[126] 单良,左海军. 基于 DRASTIC 模型的下辽河平原地下水环境脆弱性评价体系[J]. 辽宁师范大学学报(自然科学版),2006,29(2):241-243.

[127] 董亮,小仓纪雄. 应用 DRASTIC 模型评价西湖流域地下水污染风险[J]. 应用生态学报,2002,13(2):217-220.

[128] 董新光,邓铭江. 新疆地下水资源[M]. 乌鲁木齐:新疆科学技术出版社,2005.

[129] 杜金龙. 干旱盐渍区非饱和-饱和带水盐耦合模拟与调控——以焉耆盆地为例[D]. 武汉:中国地质大学,2009.

[130] 樊丽芳,陈植华. 地下水环境背景值的确定[J]. 西部探矿工程,2004(7):90-92.

[131] 范基姣,郭彦威,佟元清,等. 地下水系统脆弱性评价中 MAPGIS 软件的应用——以沧州地下水系统为例[J]. 地下水,2008,30(4):29-31.

[132] 范建伟. 环滇池城区地质环境资源综合评价与规划[D]. 长春:吉林大学,2008.

[133] 范琦,王贵玲,蔺文静,等. 地下水脆弱性评价方法的探讨及实例[J]. 水利学报,2007,38(5):601-605.

[134] 范庆莲,窦艳兵,范庆广,等. 地下水脆弱性研究进展综述[J]. 北京水务,2009(3):15-17.

[135] 范弢,杨世瑜. 丽江城市地下水脆弱性评价[J]. 昆明理工大学学报:理工版,2007a,32(1):91-96.

[136] 范弢,杨世瑜. 云南丽江盆地地下水脆弱性评价[J]. 吉林大学学报:地球科学版,2007b,37(3):

551-556,563.
[137] 方樟,肖长来,梁秀娟,等. 松嫩平原地下水脆弱性模糊综合评价[J]. 吉林大学学报:地球科学版,2007,37(3):546-550.
[138] 方樟. 松嫩平原地下水脆弱性研究[D]. 长春:吉林大学,2007.
[139] 冯小铭,方明理,蓝善先. 中国地下水质量评价及污染防护分级图(1:600 万)的编制特点[J]. 第四纪研究,1995(3):238-245.
[140] 冯裕华. 荷兰典型自然地理条件下的环境保护特色[J]. 世界环境,2000(2):32-34.
[141] 付强,梁川. 节水灌溉系统建模与优化技术[M]. 成都:四川科技大学出版社,2002(6):127- 131.
[142] 付强,刘仁涛,盖兆梅. 几种地下水脆弱性评价方法之比较[J]. 水土保持研究,2008a,15(6):46-48,52.
[143] 付强,刘仁涛,盖兆梅. 三江平原地下水脆弱性评价模型比较分析[J]. 黑龙江水专学报,2008b,35(3):1-4.
[144] 付强. 数据处理方法及其农业应用[M]. 北京:科学出版社,2006.
[145] 付素蓉,王焰新,蔡鹤生,等. 城市地下水污染敏感性分析[J]. 地球科学——中国地质大学学报,2000,25(5):482-486.
[146] 付素蓉. 武汉市区地下水污染敏感性分析[D]. 武汉:中国地质大学,2001.
[147] 高赞东. 基于 GIS 的济南岩溶泉域地下水含水层脆弱性评价[D]. 北京:中国地质大学,2007.
[148] 郭清海. 山西太原盆地孔隙地下水系统演化与相关环境问题成因分析[D]. 武汉:中国地质大学,2005.
[149] 郭永海,沈照理,钟佐燊,等. 河北平原地下水有机氯污染及其与防污性能的关系[J]. 水文地质工程地质,1996,23 (1):40 -42.
[150] 韩志明,廖传华. 海南岛地下潜水系统防污性能评价[J]. 地下水,2009,31(1):118-120,137.
[151] 韩志勇,王瑛,李涛. 大沽河地下水库的脆弱性评价[J]. 兰州理工大学学报,2005,31(6):78-81.
[152] 郝芳华,欧阳威,岳勇,等. 内蒙古农业灌区水循环特征及对土壤水运移影响的分析[J]. 环境科学学报,2008a,28 (5):825 - 831.
[153] 郝芳华,孙雯,曾阿妍,等. HYDRUS-1D 模型对河套灌区不同灌施情景下氮素迁移的模拟[J]. 环境科学学报,2008b,28 (5):853 - 858.
[154] 贺帅军,李云锋,张茂省,等. 陕北能源化工基地潜水易污性评价[J]. 地质通报,2008,27(8):1186-1191.
[155] 贺新春,邵东国,陈南祥,等. 几种评价地下水环境脆弱性方法之比较[J]. 长江科学院院报,2005,22 (3):18 - 24.
[156] 胡万凤,唐仲华,姜月华. 杭嘉湖地区浅层地下水防污性能评价方法及应用研究[J]. 湖南环境生物职业技术学院学报,2008,14(2):1-5.
[157] 黄栋. 北京市平原区地下水脆弱性研究[D]. 北京:首都师范大学,2009.
[158] 黄鹄,戴志军,胡自宁,等. 广西海岸环境脆弱性研究[M]. 北京:海洋出版社,2005.
[159] 黄冠星,孙继朝,荆继红,等. 珠江三角洲地区浅层地下水天然防污性能评价方法探讨[J]. 工程勘察,2008(11):44-49.

[160] 黄丽丽. 磐石市地下水水源地保护区划分研究[D]. 长春:吉林大学,2007.
[161] 黄乾,张立国,李玉国,等. 地下水易污染性评价的集对分析方法研究[J]. 地下水,2007,29(3):76-79.
[162] 贾立华. 大沽河地下水库脆弱性评价[D]. 青岛:中国海洋大学,2003.
[163] 姜桂华,王文科,杨泽元. 关中盆地潜水含水层脆弱性评价[J]. 西北农林科技大学学报(自然科学版),2004,32(10):111-115.
[164] 姜桂华. 地下水脆弱性研究进展[J]. 世界地质,2002,21(1):33-38.
[165] 姜桂华. 关中盆地地下水脆弱性研究[D]. 西安:长安大学,2002.
[166] 姜纪沂. 地下水环境健康理论与评价体系的研究及应用[D]. 长春:吉林大学,2007.
[167] 姜蕊云,赵庆超,苗永宏. 基于熵权的 DRASTIC 模型在地下水脆弱性评价中的应用[J]. 黑龙江水专学报,2008,35(3):63-65,78.
[168] 姜志群,朱元生. 地下水污染敏感性评价中 DRASTIC 法的应用[J]. 河海大学学报,2001,29(2):100-103.
[169] 蒋方媛,郭清海. 大型新生代断陷盆地的浅层地下水的脆弱性评价——以山西太原盆地为例[J]. 地质科技情报,2008,27(2):97-102,107.
[170] 雷静,张思聪. 唐山市平原区地下水脆弱性评价研究[J]. 环境科学学报,2003,23(1):94-99.
[171] 雷静. 地下水环境脆弱性的研究 [D]. 北京:清华大学,2002.
[172] 雷志栋,杨诗秀,谢森传. 土壤水动力学[M]. 北京:清华大学出版社,1988.
[173] 李宝兰,杨绍南,颜秉英. 辽宁省中南部分城市地下水脆弱性评价[J]. 地下水,2009,31(2):28-32.
[174] 李大秋,Dixon B,Earls J,等."泉城"地下水补给区脆弱性评价研究[J]. 环境保护,2007,37(8B):59-61.
[175] 李凤全. 遥感技术在地下水研究中的应用[J]. 世界地质,1998,17(1):56-59.
[176] 李鹤,张平宇,程叶青. 脆弱性的概念及其评价方法[J]. 地理科学进展,2008,27(2):18-25.
[177] 李洪,黄国强,李鑫钢. 自然条件下土壤不饱和区中水含量分布模拟[J]. 农业环境科学学报,2004,23(6):1232-1234.
[178] 李辉,何江涛,陈鸿汉. 应用 DRASTIC 模型评价湛江市浅层地下水脆弱性[J]. 广东水利水电,2007(1):48-52.
[179] 李立军. 吉林省通榆县地下水脆弱性研究[D]. 长春:吉林大学,2007.
[180] 李立军. 松原市地下水防污性能评价[J]. 吉林地质,2008,27(2):110-113.
[181] 李梅,孟凡玲,李群,等. 基于改进 BP 神经网络的地下水环境脆弱性评价[J]. 河海大学学报(自然科学版),2007,35(3):245-250.
[182] 李平. 地下水环境指标体系研究——以中国西北和华北地区为例[D]. 北京:中国地质大学,2006.
[183] 李绍飞,孙书洪,王勇. 基于 DRASTIC 的含水层脆弱性模糊评价方法与应用[J]. 水文地质工程地质,2008,(3):112-117.
[184] 李绍飞,王勇,毛慧等. 地下水脆弱性模糊评价方法的探讨与应用[J]. 中国农村水利水电,2008

(4):17-20,25.

[185] 李涛. 基于MapInfo的大沽河地下水库脆弱性评价[D]. 青岛:中国海洋大学,2004.

[186] 李万刚,康宏. 乌鲁木齐河流域浅层地下水防污性能评价[J]. 干旱环境监测,2008,22(4):119-122.

[187] 李文文,王开章,李晓. 浅层地下水污染敏感性评价——以泰安市为例[J]. 安全与环境工程,2009,16(4):18-22.

[188] 李砚阁,雷志栋. 地下水系统保护研究[M]. 北京:中国环境科学出版社,2008.

[189] 李艳华. 基于层次分析法的地下水脆弱性评价指标权重的确定[J]. 山西水利,2006(6):79-80.

[190] 李燕. 徐州市张集水源地地下水数值模拟及环境脆弱性评价研究[D]. 合肥:合肥工业大学,2007.

[191] 李友枝,庄育勋,蔡纲,等. 城市地质——国家地质工作的新领域[J]. 地质通报,2003,22(8):589-596.

[192] 李瑜,雷明堂,蒋小珍,等. 覆盖型岩溶平原区岩溶塌陷脆弱性和开发岩溶地下水安全性评价——以广西黎塘镇为例[J]. 中国岩溶,2009,28(1):11-16.

[193] 李志萍,许可. 地下水脆弱性评价方法研究进展[J]. 人民黄河,2008,30(6):52-54.

[194] 梁婕,谢更新,曾光明,等. 基于随机-模糊模型的地下水污染风险评价[J]. 湖南大学学报(自然科学版),2009,36(6):54-58.

[195] 林山杉,武健强,张勃夫. 地下水环境脆弱程度图编图方法研究[J]. 水文地质工程地质,2000(3):6-8,24.

[196] 林学钰,陈梦熊. 松嫩盆地地下水资源与可持续发展研究[M]. 北京:地震出版社,2000.

[197] 刘长礼,张云,叶浩等. 包气带黏性土层的防污性能试验研究及其对地下水脆弱性评价的影响[J]. 地球学报,2006,27(4):349-354.

[198] 刘春玲. 吉林西部地下水开发风险评价[D]. 长春:吉林大学,2007.

[199] 刘东霞. 呼伦贝尔草原生态环境脆弱性分析及生态承载力评价——以陈巴尔虎旗为例[D]. 北京:北京林业大学,2007.

[200] 刘绿柳. 水资源脆弱性及其定量评价[J]. 水土保持通报,2002,22(2):41-44.

[201] 刘仁涛,付强,盖兆梅,等. 三江平原地下水脆弱性评价的投影寻踪模型[J]. 东北农业大学学报,2008,39(2):184-190.

[202] 刘仁涛,付强,李国良,等. 基于熵权的DRASTIC模型及其在地下水脆弱性评价中的应用[J]. 农业系统科学与综合研究,2007,23(1):74-77.

[203] 刘仁涛,付强,张艳梅,等. 三江平原地下水脆弱性评价的熵权系数法模型[J]. 水土保持研究,2007,14 (6):20-22.

[204] 刘仁涛. 三江平原地下水脆弱性研究[D]. 哈尔滨:东北农业大学,2007:31-50.

[205] 刘淑芬,郭永海. 区域地下水防污性能评价方法及其在河北平原的应用[J]. 河北地质学院学报,1996,19(1):41-45.

[206] 刘思峰,党耀国,方志耕. 灰色系统理论及其应用[M]. 北京:科学出版社,2000.

[207] 刘卫林,董增川,陈南祥,等. 基于多指标多级可拓评价的地下水环境脆弱性分析[J]. 地质灾害

与环境保护,2007,18(1):83-87.

[208] 刘香,王洁,邵传青,等. 城市地下水脆弱性评价方法及应用[J]. 地下水,2007,29(5):90-92.

[209] 路洪海. 后寨河流域岩溶地下水时空演变规律及其与土地利用关系研究[D]. 西南师范大学硕士学位论文,2003.

[210] 路洪海. 人类活动胁迫下岩溶含水层脆弱性分析[J]. 热带地理,2004,24(3):212-215.

[211] 马金珠,高前兆. 干旱区地下水脆弱性特征及评价方法探讨[J]. 干旱区地理,2003,26(1):44-49.

[212] 马金珠. 塔里木盆地南缘地下水脆弱性评价[J]. 中国沙漠,2001,21 (2):170-174.

[213] 马力,冯波,谭文清,等. 基于GIS的吉林省西部平原区浅层地下水防污性能评价[J]. 水文地质工程地质,2009(1):60-62.

[214] 马颖. 上海市地下水开发利用和保护对策[J]. 水资源保护,2008,24(1):92-94.

[215] 马振民,陈鸿汉,刘立才. 泰安市第四系水文地质结构对浅层地下水污染敏感性控制作用研究[J]. 地球科学——中国地质大学学报,2000,25 (5):472-476.

[216] 毛媛媛,张雪刚. 几种地下水易污性评价方法在徐州张集地区的应用[J]. 水利水电科技进展,2006,26(4):46-49,86.

[217] 孟江丽,董新光,周金龙,等. HYDRUS模型在干旱区灌溉与土壤盐化关系研究中的应用[J]. 新疆农业大学学报,2004,27(1):45-49.

[218] 孟宪萌,束龙仓,卢耀如. 基于熵权的改进DRASTIC模型在地下水脆弱性评价中的应用[J]. 水利学报,2007,38(1):94-99.

[219] 欧阳正平. 新疆焉耆盆地典型区土壤水盐运移规律及其数值模拟[D]. 武汉:中国地质大学,2008.

[220] 庞君,李峰,李鹏,等. 曲靖盆地地下水脆弱性评价[J]. 地质灾害与环境保护,2006a,17(4):71-74.

[221] 庞君,李峰,庄儒新. 曲靖盆地地下水固有脆弱性评价[J]. 云南地理环境研究,2006b,18(4):15-19.

[222] 彭文启. 现代水环境质量评价理论与方法[M]. 北京:化学工业出版社,2005.

[223] 齐万秋,周金龙. 石河子市地下水环境背景值[J]. 干旱环境监测,1994,8(1):14-16.

[224] 曲洪财,白晓民,金雷. 鸡东县地下水脆弱性评价研究[J]. 黑龙江水利科技,2007(5):21-22.

[225] 曲文斌,王欣宝,钱龙,等. 石家庄城市区地下水脆弱性评价研究[J]. 水文地质工程地质,2007(6):6-9.

[226] 阮俊,肖兴平,郑宝锋,等. GIS技术在地下水系统脆弱性编图示范中的应用[J]. 地理空间信息,2008,6(4):55-57.

[227] 沈珍瑶,杨志峰,曹瑜. 环境脆弱性研究述评[J]. 地质科技情报,2003,22(3):91-94.

[228] 石文学. 天津市宁河县地下水脆弱性评价体系研究[J]. 地下水,2009,31(3):23-25,57.

[229] 宋峰,折书群,刘新社. 滦河冲洪积扇地下水脆弱性评价体系研究[J]. 环境科学与技术,2005,28(增刊):116-118.

[230] 孙爱荣,周爱国,梁合诚,等. 九江市地下水易污性评价——基于DRASTIC指标的模糊综合评价

模型[J]. 长江流域资源与环境,2007,16(4):499-503.

[231] 孙才志,林山杉. 地下水脆弱性概念的发展过程与评价现状及研究前景[J]. 吉林地质,2000,19(1):30-36.

[232] 孙才志,潘俊. 地下水脆弱性的概念、评价方法与研究前景[J]. 水科学进展,1999,10(4):444-449.

[233] 孙才志,王言鑫. 基于 WOE 法的下辽河平原地下水硝酸盐氮特殊脆弱性研究[J]. 水土保持研究,2009,16(4):80-84.

[234] 孙才志,左海军,栾天新. 下辽河平原地下水脆弱性研究[J]. 吉林大学学报(地球科学版),2007,37(5):943-948.

[235] 孙丰英,徐卫东. DRASTIC 指标体系法在滹滏平原地下水脆弱性评价中的应用[J]. 地下水,2006,28(2):39-42.

[236] 孙丰英,许光泉,唐文锋. 灰色关联度法在地下水脆弱性评价与分区中的应用[J]. 地下水,2009,31(4):15-17,64.

[237] 孙伟,马国,金松培,等. 基于 GIS 的地下水脆弱性评价[J]. 信息技术,2006(3):18-20.

[238] 孙艳伟,魏晓妹,毕文涛. 干旱区地下水脆弱性机理及评价指标体系的探讨[J]. 灌溉排水学报,2007,26(2):41-43,47.

[239] 孙艳伟. 石羊河流域地下水系统脆弱性研究[D]. 杨凌:西北农林科技大学,2007.

[240] 田铮,戎海武,党怀义. 非线性系统高维特征量的稳健投影寻踪建模[J]. 数学的实践与认识,1999,29(3):92- 96.

[241] 王国利,周惠成,杨庆. 基于 DRASTIC 的地下水易污染性多目标模糊模式识别模型[J]. 水科学进展,2000,11(2):173-179.

[242] 王红旗,陈美阳,李仙波. 顺义区地下水水源地脆弱性评价[J]. 环境工程学报,2009,3(4):755-758.

[243] 王宏伟,刘萍,吴美琼. 基于地下水脆弱性评价方法的综述[J]. 黑龙江水利科技,2007(3):43-45.

[244] 王虎,杨维,王立东,等. 地下水脆弱性评价模型的程序化[J]. 能源环境保护,2008,22(2):50-55.

[245] 王化齐. 石羊河下游民勤绿洲生态环境需水量及生态环境脆弱性评价[D]. 杨凌:西北农林科技大学,2006.

[246] 王丽红,王开章,李晓,等. 地下水水源地脆弱性评价研究[J]. 中国农村水利水电,2008(11):22-25.

[247] 王丽红. 城市饮用水地下水水源地安全评价体系研究[D]. 济南:山东农业大学,2008.

[248] 王强. 济南地区地下水评价与保护综合研究[D]. 济南:山东大学,2007.

[249] 王水献,周金龙,余芳,等. 应用 HYDRUS-1D 模型评价土壤水资源量[J]. 水土保持研究,2005,12(2):36-38.

[250] 王松,章程,裴建国. 岩溶地下水脆弱性评价研究[J]. 地下水,2008,30(6):14-18.

[251] 王玮. 鄂尔多斯白垩系地下水盆地地下水资源可持续性研究[D]. 西安:长安大学,2004.

[252] 王文中. 我国北方城市应急地下水源地评价指标体系的研究——以石家庄市为例[D]. 石家庄:中国地质科学院水文地质环境地质研究所,2006.

[253] 王小玲,刘予,张志林. 北京永定河冲洪积扇地下水环境背景值的调查研究[J]. 北京地质,1994(2):20-28.

[254] 王秀明. DRASTIC 方法在地下水脆弱性编图中的应用[J]. 安全与环境工程,2008,15(2):40-42,46.

[255] 王焰新,郭华明,阎世龙,等. 浅层孔隙地下水系统环境演化及污染敏感性研究——以山西大同盆地为例[M]. 北京:科学出版社,2004.

[256] 王焰新,李义连,付素蓉,等. 武汉市区第四系含水层地下水有机污染敏感性研究[J]. 地球科学——中国地质大学学报,2002,27(5):616-620.

[257] 王勇. 基于 GIS 对祁县东观地下水资源脆弱性评价[D]. 太原:太原理工大学,2006.

[258] 王昭,石建省,张兆吉,等. 华北平原地下水中有机物淋溶迁移性及其污染风险评价[J]. 水利学报,2009,40(7):830-837.

[259] 魏海霞,薛传东,高照忠. 潞西盆地浅层地下水脆弱性预测分析[J]. 第二届全国应用地球化学学术讨论会论文专辑(摘要、全文),地球化学,2006,25(4):894-902.

[260] 吴登定,谢振华,林健,等. 地下水污染脆弱性评价方法[J]. 地质通报,2005,24(10-11):1043-1047.

[261] 吴夏懿. 基于 GIS 的济宁市地下水水质脆弱性评价[D]. 南京:河海大学,2006.

[262] 吴晓娟,孙根年,薛亮. 西安市地下水污染敏感性分析研究[J]. 干旱区资源与环境,2007b,21(8):31-36.

[263] 吴晓娟,孙根年. 西安市地下水污染广义/狭义脆弱性对比研究[J]. 地球学报,2007a,28(5):475-481.

[264] 吴晓娟. 西安市地下水污染脆弱性与时空动态分析[D]. 西安:陕西师范大学,2007.

[265] 武强,戴国锋,吕华,等. 基于 ANN 与 GIS 耦合技术的地下水污染敏感性评价[J]. 中国矿业大学学报, 2006, 35(4):431-436.

[266] 武强,王金华,刘东海,等. 煤层底板突水评价的新型实用方法Ⅳ:基于 GIS 的 AHP 型脆弱性指数法应用[J]. 煤炭学报,2009,34(2):233-239.

[267] 肖长来,方樟,梁秀娟,等. 基于 DRASTIC 的松嫩平原地下水脆弱性模糊综合评价[J]. 干旱区资源与环境,2007,21(5):94-98.

[268] 肖丽英,李霞. 海河流域地下水系统脆弱性评价的探讨[J]. 中国水利,2007,(15):24-27.

[269] 肖丽英. 海河流域地下水生态环境问题的研究[D]. 天津:天津大学,2004.

[270] 谢亚琼,杨燕雄. 秦皇岛沿海地下水脆弱性评价[J]. 中国环境管理干部学院学报,2007,17(3):27-30.

[271] 辛欣,杜超,邵文彬,等. DRASTIC 指标体系法在地下水脆弱性评价中的应用[J]. 东北水利水电,2005,23(10):45-46,63.

[272] 邢立亭,高赞东,叶春和,等. 岩溶含水层脆弱性评价的 COP 模型及其改进[J]. 中国农村水利水电,2009(7):39-42.

[273] 邢立亭,康凤新. 岩溶含水系统抗污染性能评价方法研究[J]. 环境科学学报,2007,27(3):501-508.

[274] 徐慧珍,高赞东. 岩溶地区地下水防污性能评价——PI 方法[J]. 新疆地质,2006,24(3):318-321.

[275] 徐慧珍. 济南岩溶泉域地下水水文地球化学特征及脆弱性研究[D]. 北京:中国地质大学,2007.

[276] 徐明峰,李绪谦,金春花,等. 尖点突变模型在地下水特殊脆弱性评价中的应用[J]. 水资源保护,2005,21(5):19-22.

[277] 徐世坤. 地下水污染的根源及防治——访清华大学水利水电工程系教授、水环境专家吕贤弼[J]. 中国水利,1999(3):22-23.

[278] 许传音. 基于 GIS 的鸡西市地下水脆弱性评价[D]. 长春:吉林大学,2009.

[279] 薛强,王惠芸,刘建军. 采煤矿区地下水脆弱性评价[J]. 辽宁工程技术大学学报,2005,24(1):8-11.

[280] 严明疆,张光辉,王金哲,等. 滹滏平原地下水系统脆弱性最佳地下水水位埋深探讨[J]. 地球学报,2009a,30(2):243-248.

[281] 严明疆,申建梅,张光辉,等. 人类活动影响下的地下水脆弱性演变特征及其演变机理[J]. 干旱区资源与环境,2009b,23(2):1-5.

[282] 严明疆,徐卫东. 地下水脆弱性评价的必要性[J]. 新疆地质,2005,23(3):268-271.

[283] 严明疆,张光辉,王金哲,等. 地下水的资源功能与易遭污染脆弱性空间关系研究[J]. 地球学报,2008,28(6):585-590.

[284] 严明疆,张光辉,徐卫东. 石家庄市地下水脆弱性评价[J]. 西北地质,2005,38(3):105-110.

[285] 严明疆. 地下水系统脆弱性对人类活动响应研究——以华北滹滏平原为例[D]. 北京:中国地质科学院,2006.

[286] 阎平凡,张长水. 人工神经网络与模拟进化计算[M]. 北京:清华大学出版社,2000.

[287] 杨桂芳,姚长宏. 我国西南岩溶区地下水敏感性评价模型研究[J]. 自然杂志,2003,25(2):83-85.

[288] 杨庆,栾茂田,崇金著,等. DRASTIC 指标体系法在大连市地下水易污性评价中的应用[J]. 大连理工大学学报,1999a,39(5):684-688.

[289] 杨庆,栾茂田. 地下水易污性评价方法——DRASTIC 指标体系[J]. 水文地质工程地质,1999b(2):4-9.

[290] 杨澍. 基于遥感技术的三江平原生态地质环境综合研究[D]. 长春:吉林大学,2005.

[291] 杨维,王虎,韩儒梅,等. 辽宁省中南部分城市地下水脆弱性信息系统的设计开发[J]. 安徽农业科学,2007,35(29):9226-9227,9230.

[292] 杨维,王虎,李宝兰,等. 应用 DRASTIC、AHP 对地下水脆弱性的评价比较[J]. 沈阳建筑大学学报(自然科学版),2007,23(3):489-492.

[293] 杨晓婷,王文科,乔晓英,等. 关中盆地地下水脆弱性评价指标体系的探讨[J]. 西安工程学院学报,2001,23(2):46-49.

[294] 杨旭东,李伟,马学军. 模糊评价法在沧州市区地下水脆弱性评价中的应用[J]. 安全与环境工

程,2006,13(2):9-12.
[295] 杨旭东,孙建平,魏玉梅. 地下水系统脆弱性评价探讨[J]. 安全与环境工程,2006,13(1):1-4.
[296] 姚文锋,唐莉华,张思聪. 过程模拟法及其在唐山平原区地下水脆弱性评价中的应用[J]. 水力发电学报,2009a,28(1):119-123,118.
[297] 姚文锋,张思聪,唐莉华,等. 海河流域平原区地下水脆弱性评价[J]. 水力发电学报,2009b,28(1):113-118.
[298] 姚文锋. 基于过程模拟的地下水脆弱性研究[D]. 北京:清华大学,2007.
[299] 冶雪艳. 黄河下游悬河段地下水开发风险评价与调控研究[D]. 长春:吉林大学,2006.
[300] 叶利. 对永济市饮用水水源地安全保护及应急措施的思考[J]. 内蒙古科技与经济,2008(3):101-102.
[301] 仪彪奇,胡立堂,王金生,等. 泉州沿海地区地下水易污性评价[J]. 水电能源科学,2009,27(4):40-42,227.
[302] 尹大凯. 引黄灌区水资源联合调度与地下水可再生利用[D]. 北京:清华大学,2002.
[303] 于翠松. 环境脆弱性研究进展综述[J]. 水电能源科学,2007,25(4):23-27.
[304] 元红. 铁岭市地下潜水防污性能调查[J]. 黑龙江环境通报,2008,32(1):85-86.
[305] 袁建飞,郭清海. 湖北省钟祥市汉江河谷平原区浅层孔隙水的脆弱性评价[J]. 地质科技情报,2009,28(4):112-116.
[306] 曾庆雨,田文英,王言鑫. 基于复合权重——GIS 的下辽河平原地下水脆弱性评价[J]. 水利水电科技进展,2009,29(2):23-26.
[307] 张保祥. 地下水脆弱性评价方法及其应用//曲士松. 中国北方地下水可持续管理[C]. 郑州:黄河水利出版社,2008:89-92
[308] 张保祥,孟凡海,张欣. 基于 GIS 的黄水河流域地下水脆弱性评价研究[J]. 工程勘察,2009,(8):47-50.
[309] 张保祥,孟凡海,张欣,等. 地下水脆弱性评价方法及其研究进展//徐振辞. 水利科技发展与实践论文集[C]. 北京:中国科学技术出版社,2008:52-59
[310] 张保祥,万力,余成,等. 基于熵权与 GIS 耦合的 DRASTIC 地下水脆弱性模糊优选评价[J]. 现代地质,2009,23(1):150-156.
[311] 张保祥,张心彬,黄乾,等. 基于 GIS 的地下水易污性评价系统[J]. 水文地质工程地质,2009(6):26-31.
[312] 张保祥. 黄水河流域地下水脆弱性评价与水源保护区划分研究[D]. 北京:中国地质大学,2006.
[313] 张立杰,巩中友,孙香太. 地下水环境脆弱性的模糊综合评判[J]. 哈尔滨师范大学自然科学学报,2001,17(2):109-112.
[314] 张丽君,贾跃明,刘明辉. 国外环境地质研究和工作的主要态势[J]. 水文地质工程地质,1999(6):1-5.
[315] 张丽君. 地下水脆弱性和风险性评价研究进展综述[J]. 水文地质工程地质,2006(6):113-119.
[316] 张丽君. 国际城市地质工作的主要态势[J]. 国土资源情报,2001(6):1-13.
[317] 张苗红,李峰,徐恒,等. 云南省玉溪盆地地下水防污性评价[J]. 资源环境与工程,2007,21(4):

411-415.

[318] 张强,蒋勇军,林玉石,等. 基于欧洲模型的岩溶地下水脆弱性风险性评价[J]. 人民长江,2009,40(13):51-54.

[319] 张少坤,付强,张少东,等. 基于GIS与熵权的DRASCLP模型在地下水脆弱性评价中的应用[J]. 水土保持研究, 2008,15(4):134-137,141.

[320] 张少坤. 基于GIS的水资源评价方法的应用研究[D]. 哈尔滨:东北农业大学,2008.

[321] 张树军,张丽君,王学凤,等. 基于综合方法的地下水污染脆弱性评价——以山东济宁市浅层地下水为例[J]. 地质学报,2009,83(1):131-137.

[322] 张泰丽,冯小铭,刘红樱,等. DRASTIC评价模型在台州市浅层地下水脆弱性评价中的应用[J]. 资源调查与环境,2007,28(2):138-144.

[323] 张泰丽. 浙江省丽水市地下水脆弱性研究[D]. 北京:中国地质科学院,2006.

[324] 张伟红. 地下水污染预警研究[D]. 长春:吉林大学,2007.

[325] 张雪刚,毛媛媛,李致家,等. 张集地区地下水易污性及污染风险评价[J]. 水文地质工程地质,2009(1):51-55.

[326] 张艳茹. 地下水易污染性评价方法概述[J]. 青年科学,2009(2):164.

[327] 张毅婷. 我国地下水资源保护立法问题研究[D]. 南京:河海大学,2007.

[328] 章程,蒋勇军,Michèle L,等. 岩溶地下水脆弱性评价"二元法"及其在重庆金佛山的应用[J]. 中国岩溶,2007,26(4):334-340.

[329] 章程. 贵州普定后寨地下河流域地下水脆弱性评价与土地利用空间变化的关系[D]. 北京:中国地质科学院,2003.

[330] 赵航. 锦州市地下水水源地防污性能评价研究[J]. 环境保护与循环经济,2008(6):52-54.

[331] 赵俊玲,段光武,韩庆之,等. 浅层地下水中的氮含量与地下水污染敏感性——以石家庄市为例[J]. 安全与环境工程,2004,11(4):32-35.

[332] 郑西来,程善福,林国庆,等. 滨海地下水库利用与保护[M]. 北京:地质出版社,2007.

[333] 郑西来,李涛,贾丽华. 基于Map Info的大沽河地下水库脆弱性评价[J]. 中国海洋大学学报,2004, 34(6): 1023-1028.

[334] 郑西来,吴新利,荆静. 西安市潜水污染的潜在性分析与评价[J]. 工程勘察,1997(4):22-25.

[335] 赵运昌. 中国西北地区地下水资源[M]. 北京:地震出版社,2002.

[336] 中国地质调查局. 地下水污染调查评价规范. DD2008—01:2006.

[337] 中国地质调查局. 水文地质工程地质技术方法研究所译. 地下水脆弱性编图指南[M]. 2003.

[338] 钟佐燊. 地下水防污性能评价方法探讨[J]. 地学前缘,2005,12(特刊):3-11.

[339] 周金龙,刘丰,李国敏,等. 应用DRAV模型评价干旱区地下水脆弱性——以新疆塔里木盆地孔隙潜水为例[J]. 人民黄河,2009(12):53-55.

[340] 周金龙,王水献,王能英. 模糊数学方法在潜水防污性能评价中的应用[J]. 新疆农业大学学报,2004,27(2):62-65.

[341] 周金龙,吴彬,李国敏,等. DRAV模型及其在干旱区地下水脆弱性评价中的应用——以新疆焉耆县平原区为例[J]. 水文地质工程地质,2008(增刊):313-319.

[342] 周金龙. 新疆平原区浅层地下水水质评价[J]. 地下水,2005,27(2):97-98.

[343] 朱章雄. 重庆黔江地下水脆弱性评价及编图[D]. 重庆:西南大学,2007.

[344] 邹胜章,张文慧,梁彬,等. 西南岩溶区表层岩溶带水脆弱性评价指标体系的探讨[J]. 地学前缘,2005,12(特刊):152-158.

[345] 左海凤,魏加华,王光谦. DRASTIC 地下水防污性能评价因子赋权[J]. 水资源保护,2008,24(2):22-25,33.

[346] 左海军. 下辽河平原地下水脆弱性研究[D]. 大连:辽宁师范大学,2006.

[347] 左军. 层次分析法中判断矩阵的间接给出法[J]. 系统工程,1988,10(6):56-63.

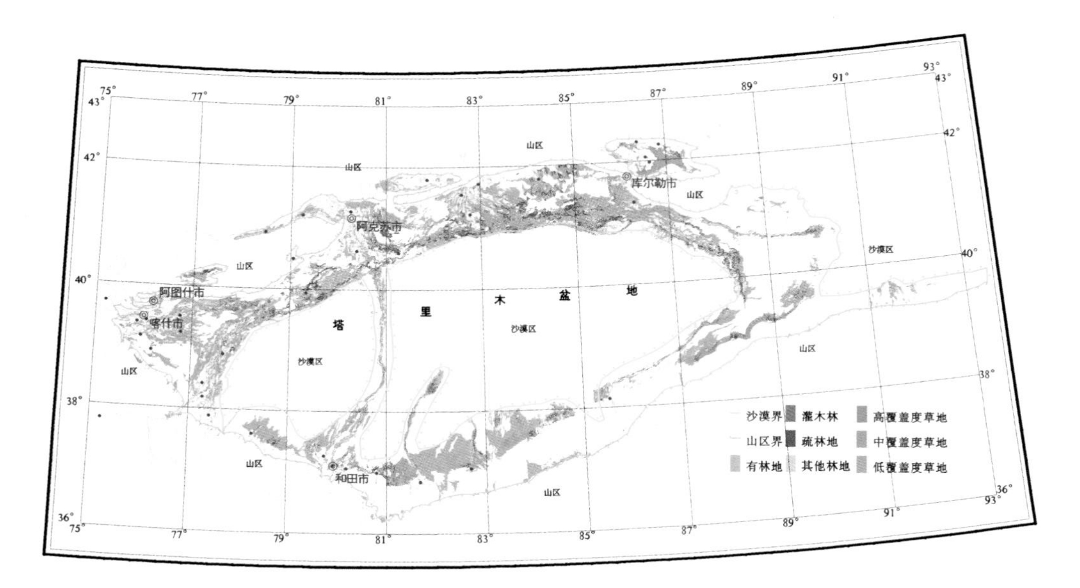

彩图 3-1　塔里木盆地天然植被分布图

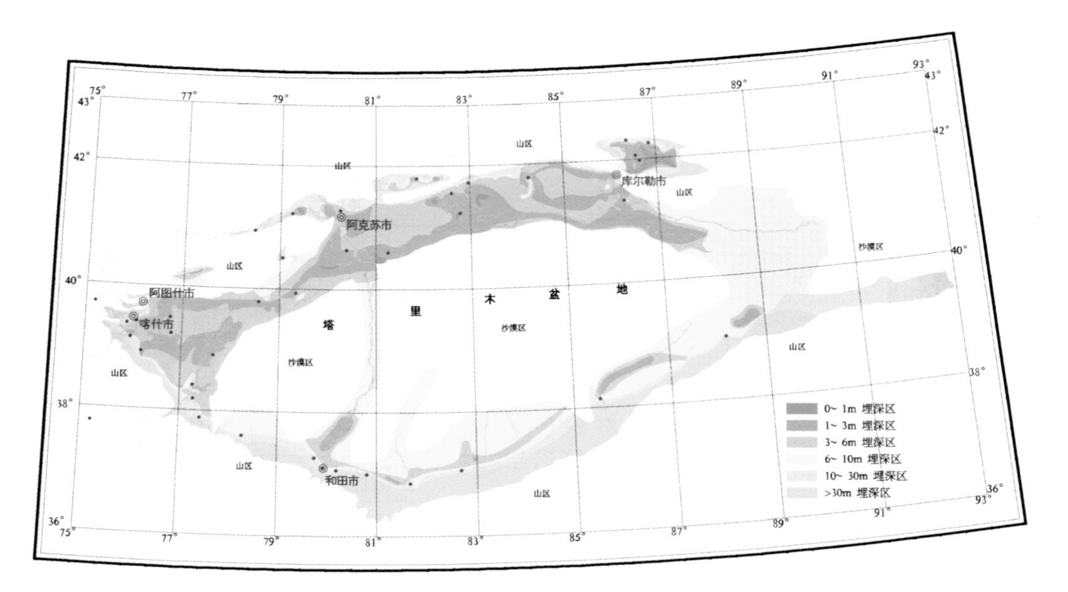

彩图 3-2　塔里木盆地潜水埋深分区图

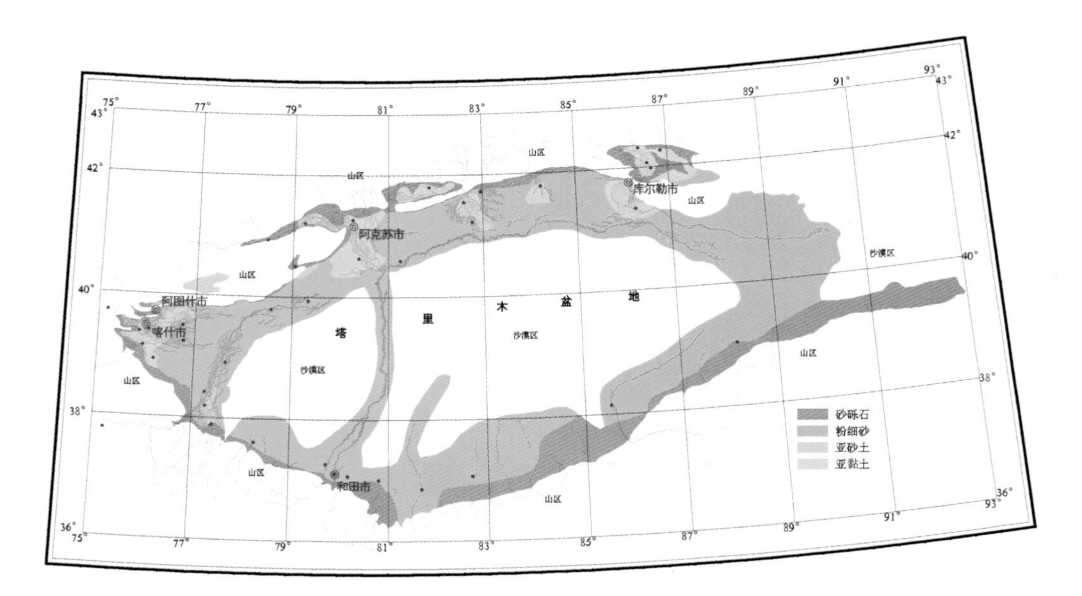

彩图 3-3　塔里木盆地包气带岩性分区图

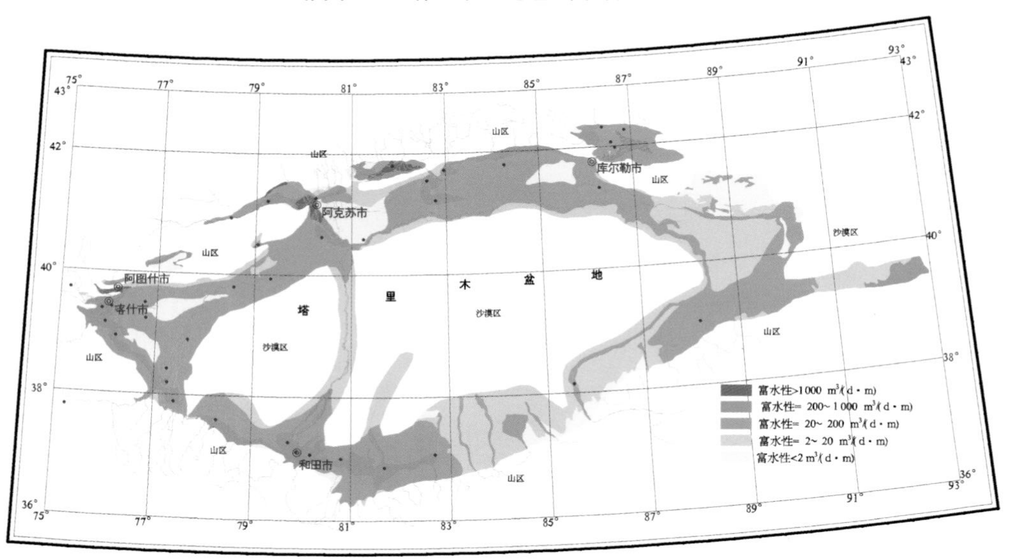

彩图 3-4　塔里木盆地潜水富水性分区图

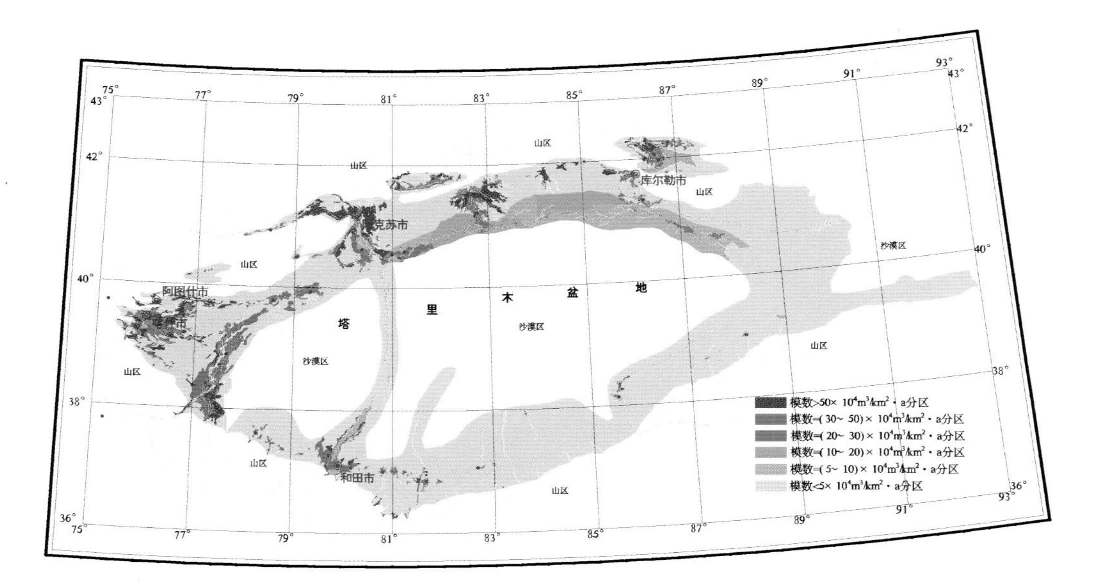

彩图 3-5　塔里木盆地地下水补给模数分区图

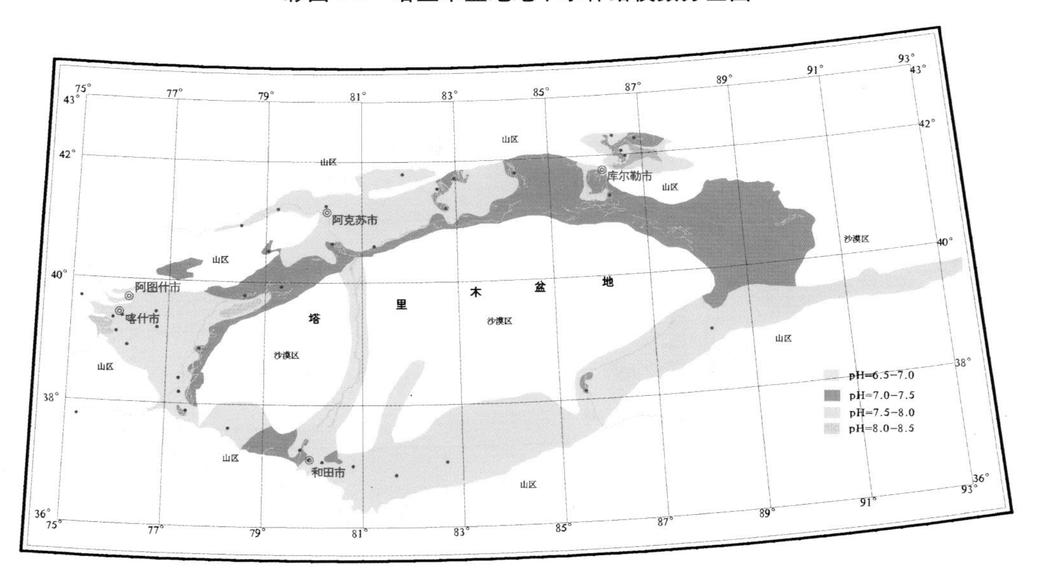

彩图 3-6　塔里木盆地地下水 pH 值分区图

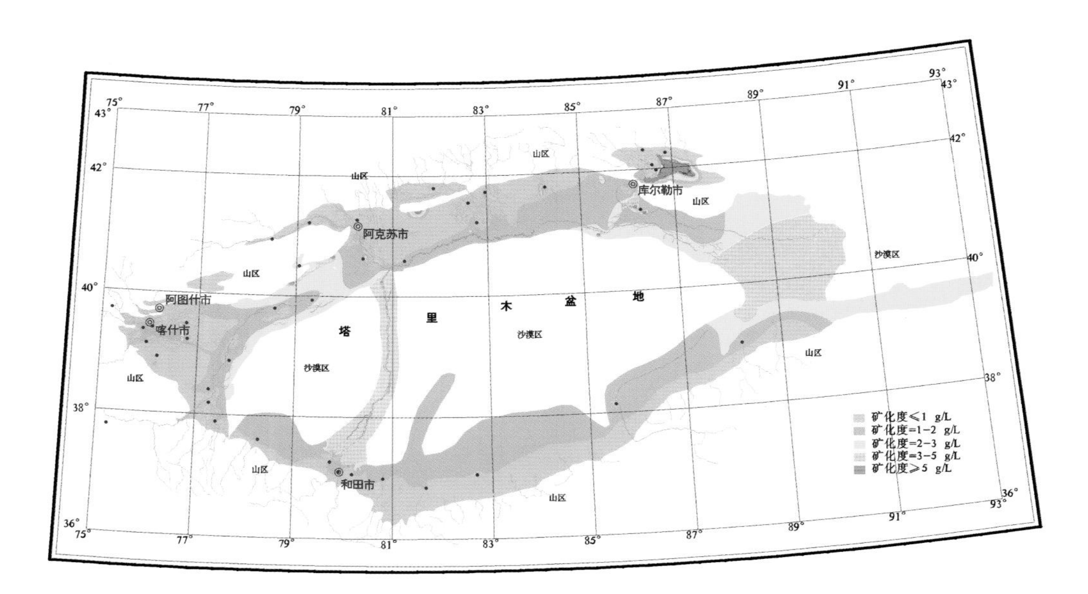

彩图 3-7　塔里木盆地地下水矿化度分区图

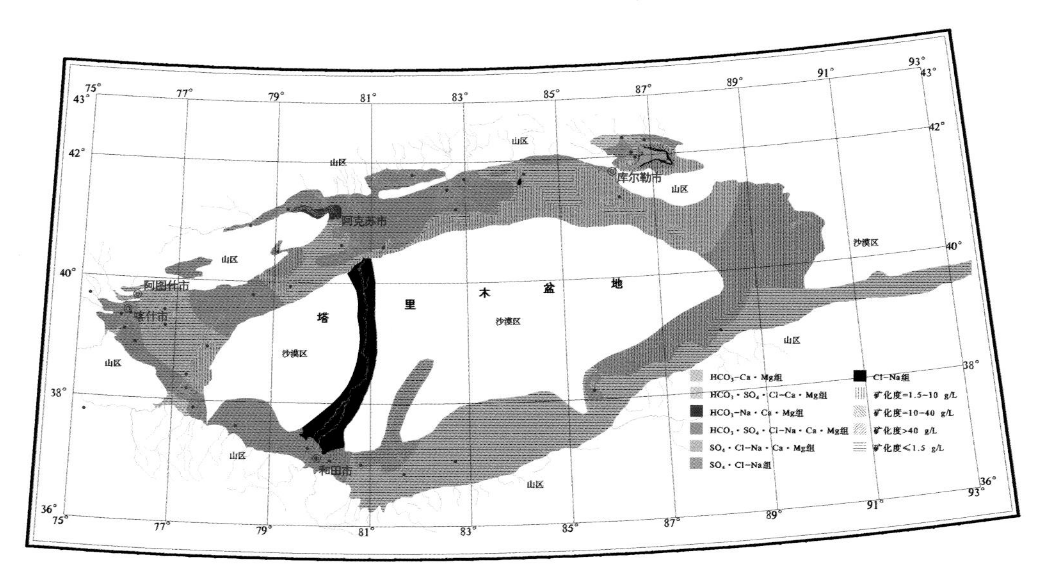

彩图 3-8　塔里木盆地地下水水化学类型分区图

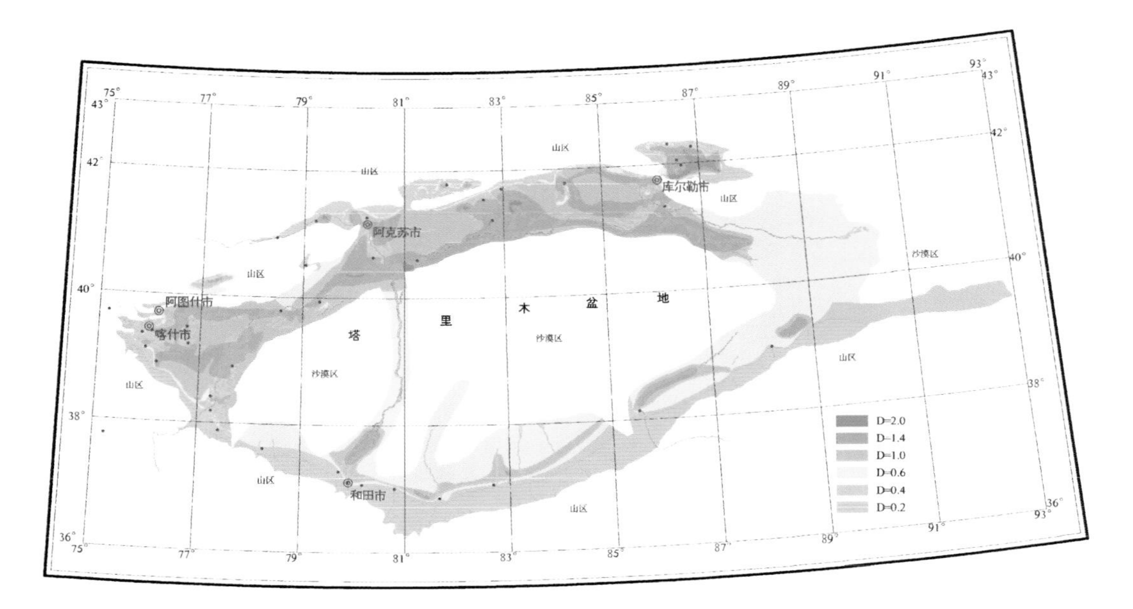

彩图 3-9　塔里木盆地潜水埋深 D 脆弱性评分图

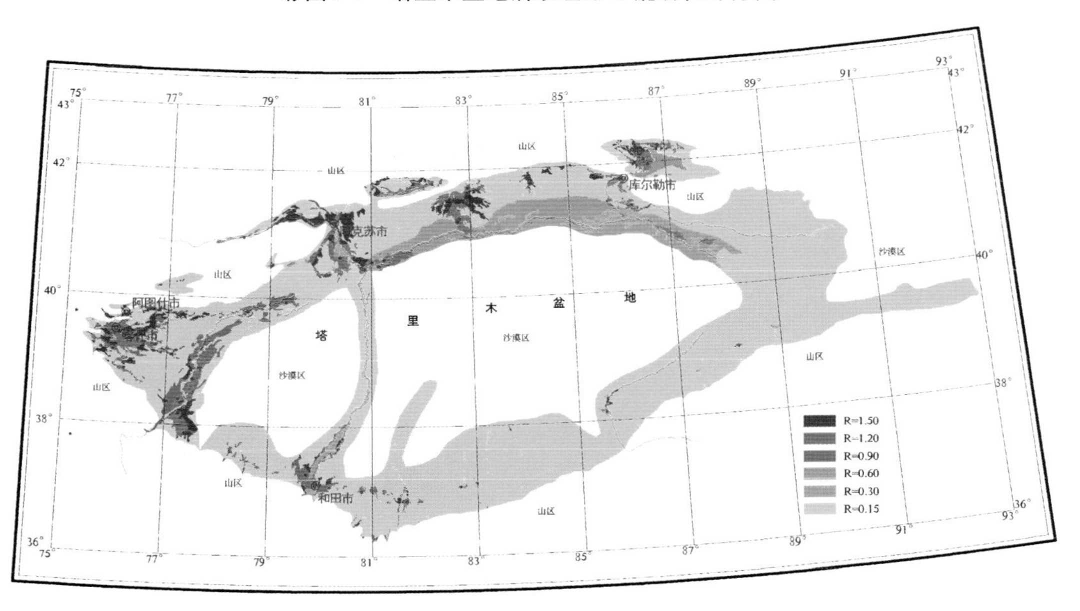

彩图 3-10　塔里木盆地含水层净补给量 R 脆弱性评分图

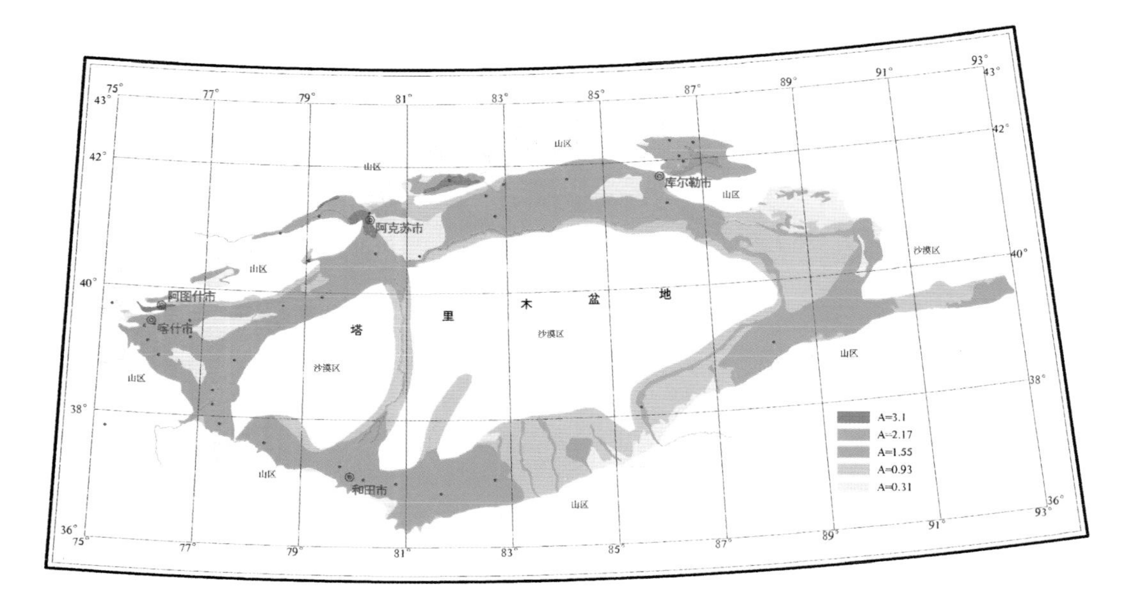

彩图 3-11　塔里木盆地含水层富水性 *A* 脆弱性评分图

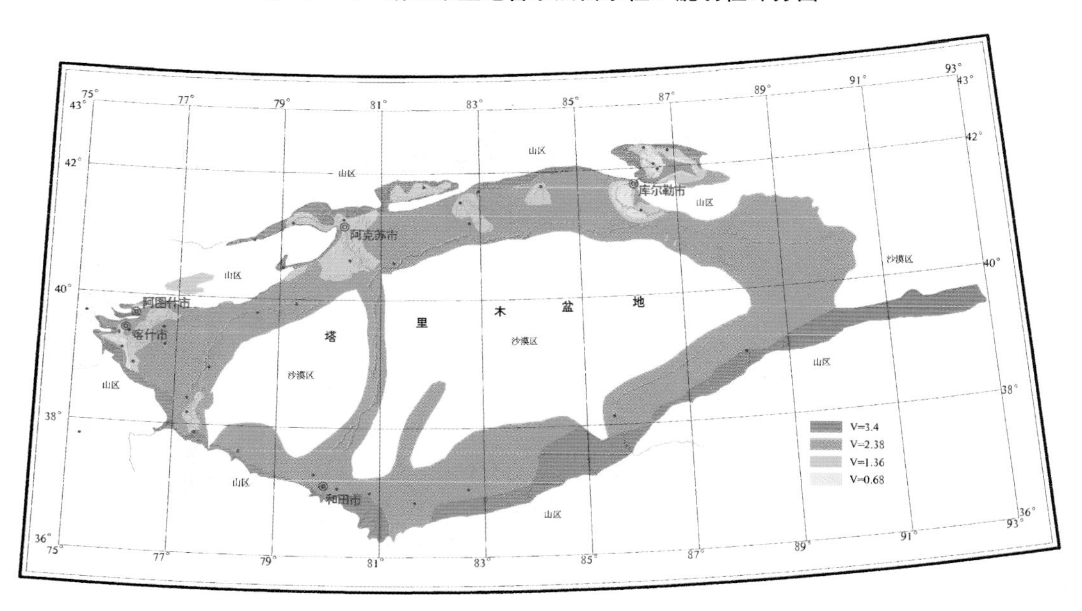

彩图 3-12　塔里木盆地包气带岩性 *V* 脆弱性评分图

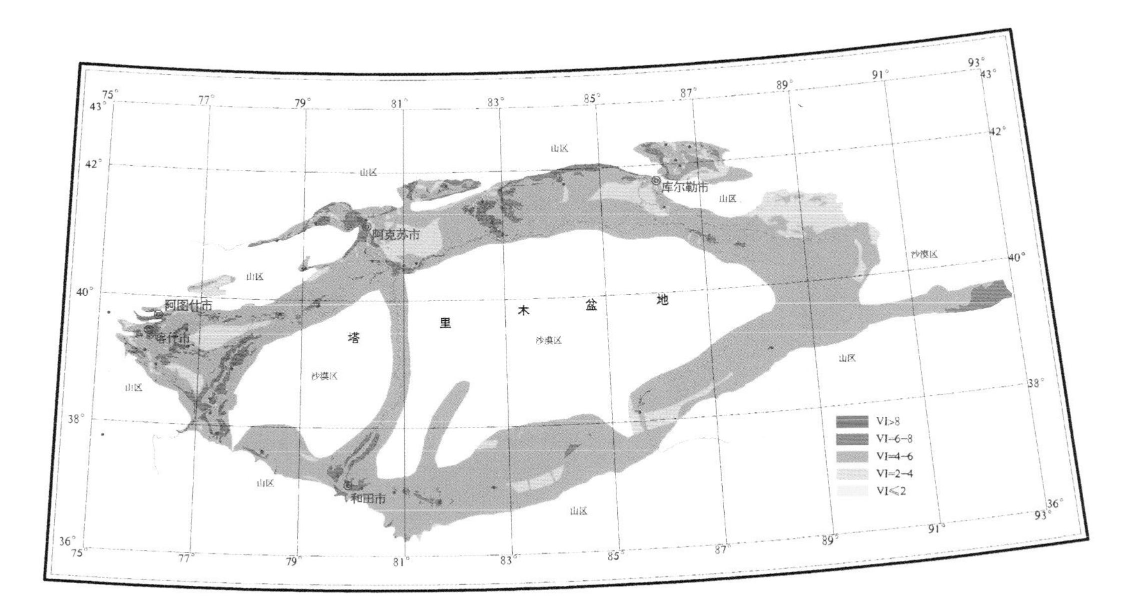

彩图 3-13　塔里木盆地孔隙潜水脆弱性分区图

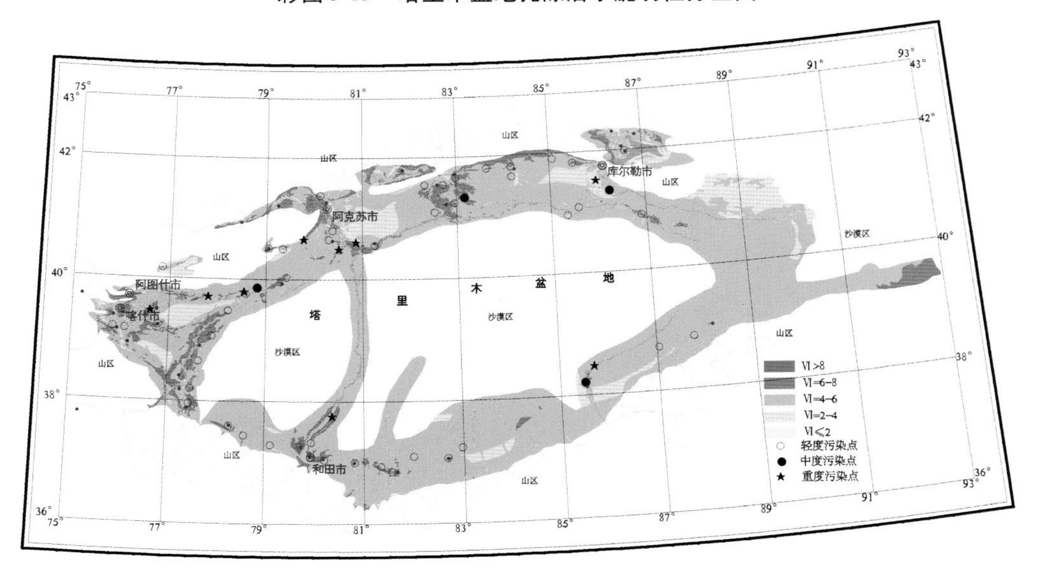

彩图 3-14　塔里木盆地地下水水质污染点分布图

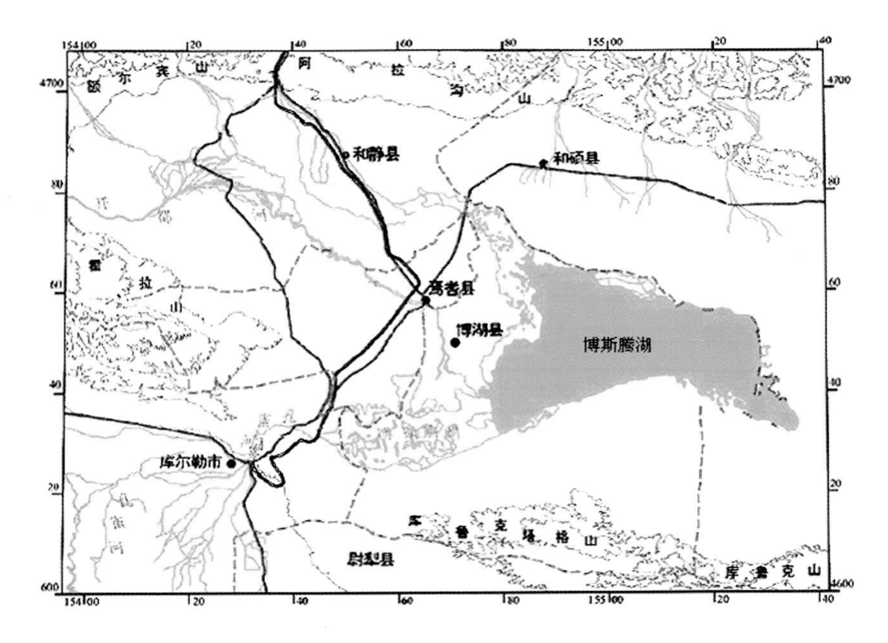

彩图 4-1　焉耆县地理位置及交通示意图

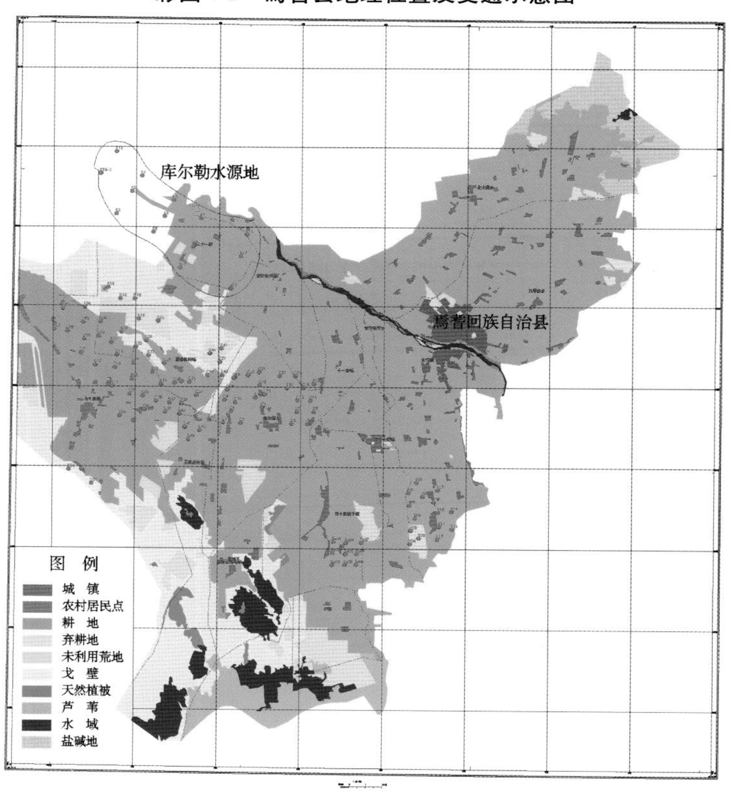

彩图 4-2　焉耆县平原区土地利用现状图

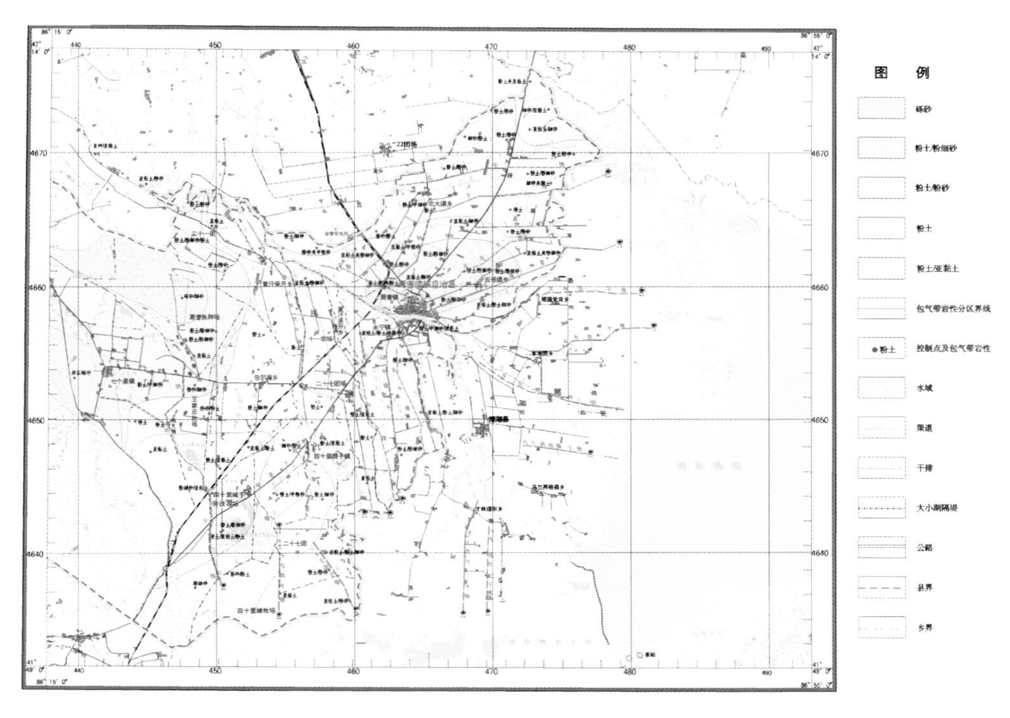

彩图 4-3　焉耆县平原区包气带岩性分区图

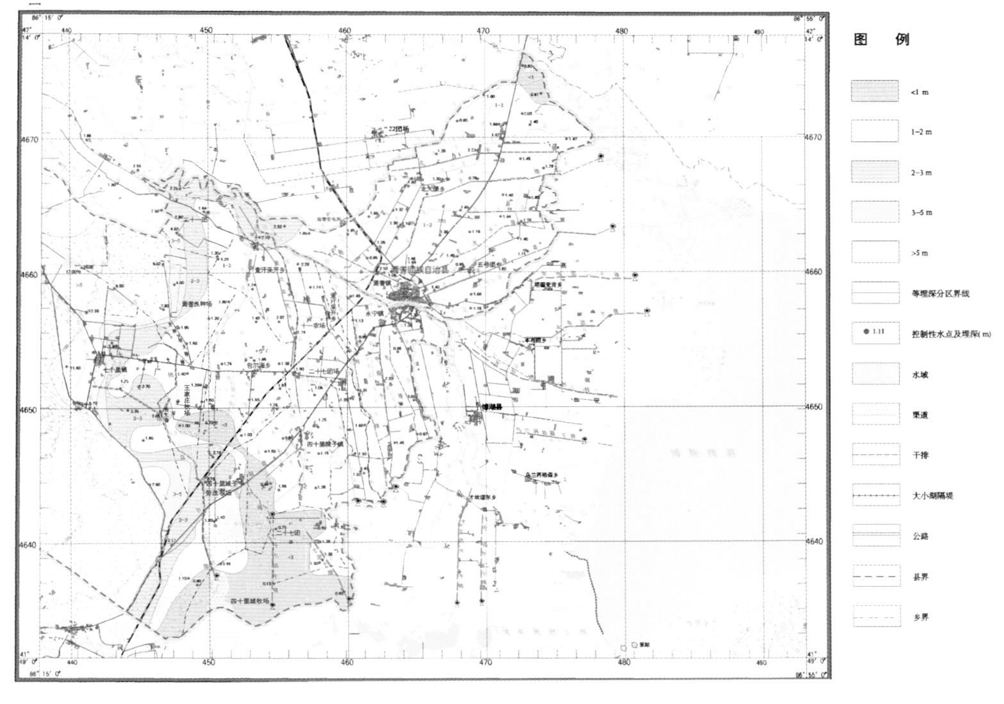

彩图 4-4　焉耆县平原区地下水埋深分布区图

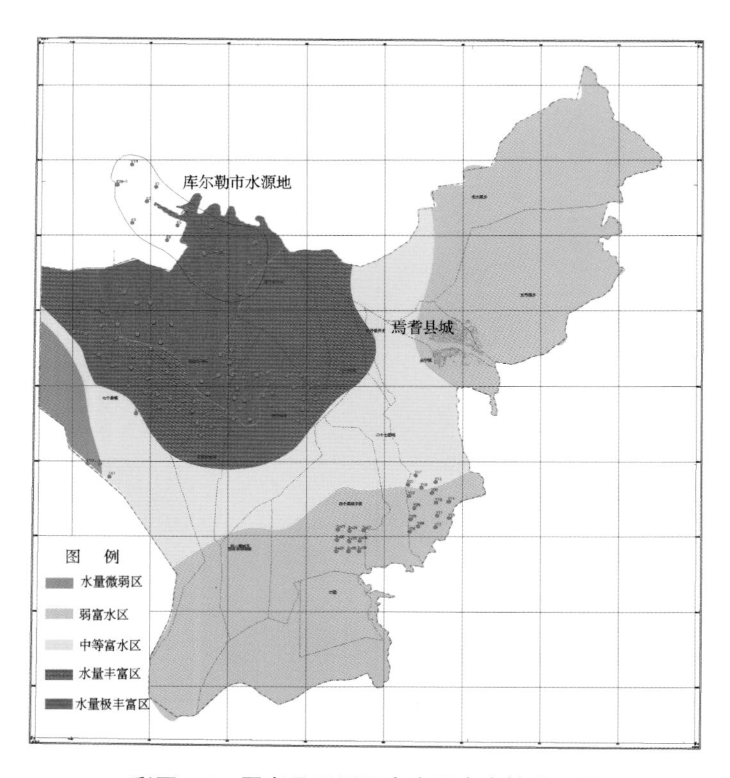

彩图 4-5　焉耆县平原区含水层富水性分区图

彩图 4-6　焉耆县平原区地下水矿化度分区图

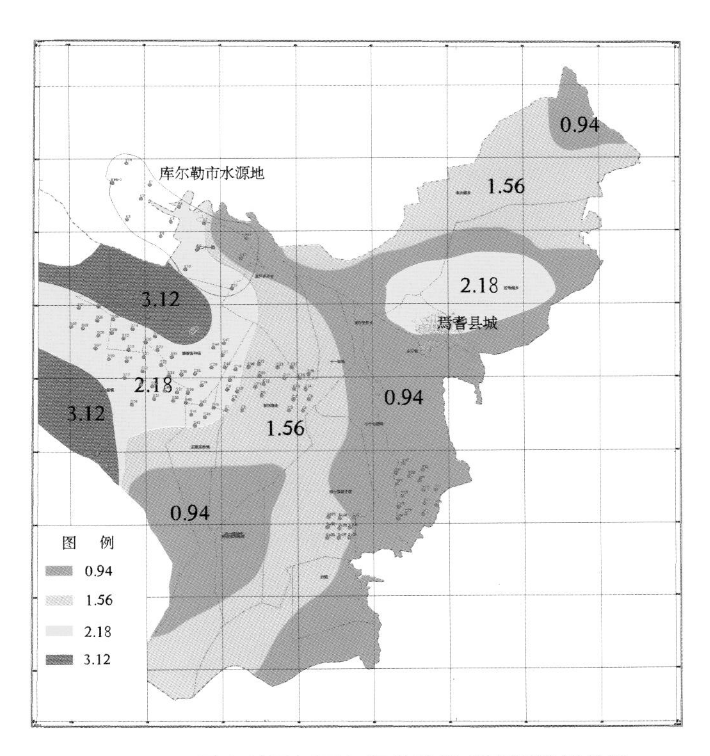

彩图 4-7　焉耆县平原区包气带岩性 V 脆弱性评分图

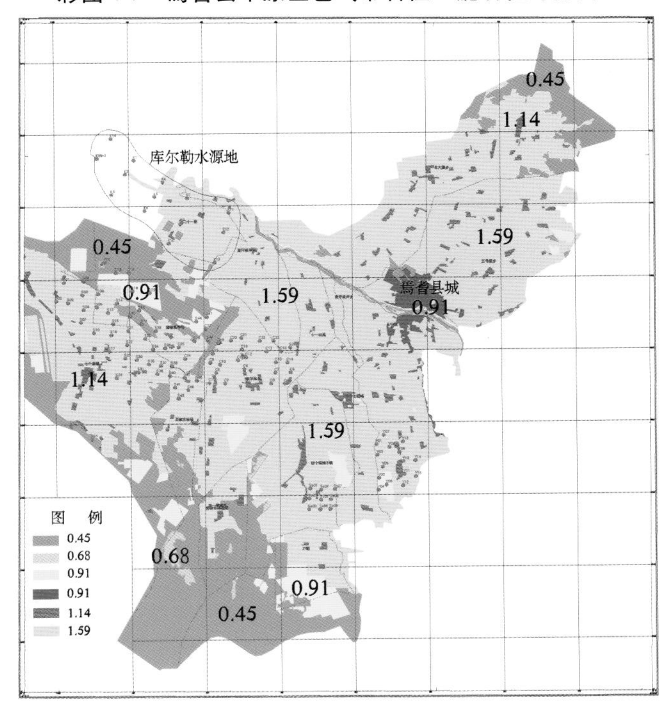

彩图 4-8　焉耆县平原区土地利用方式 L 脆弱性评分图

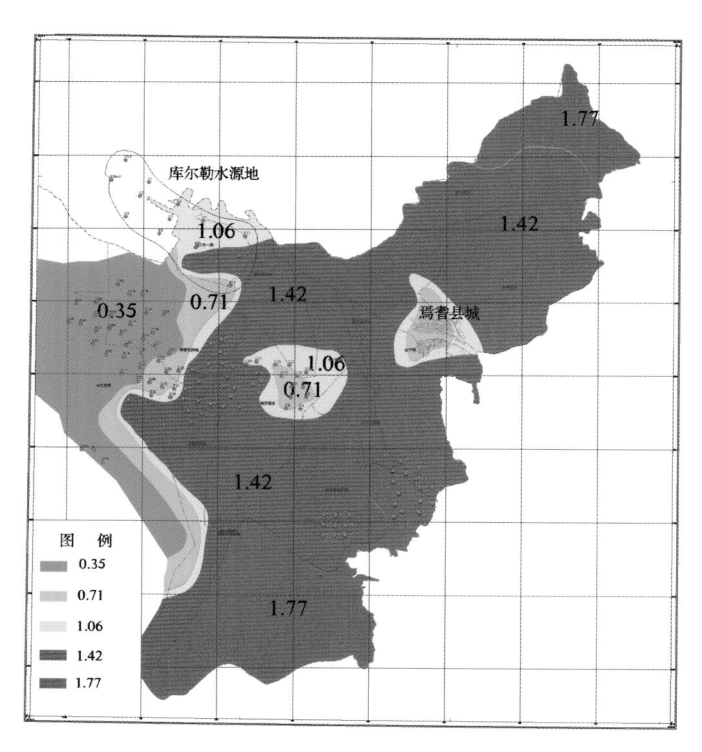

彩图 4-9　焉耆县平原区地下水埋深 *D* 脆弱性评分图

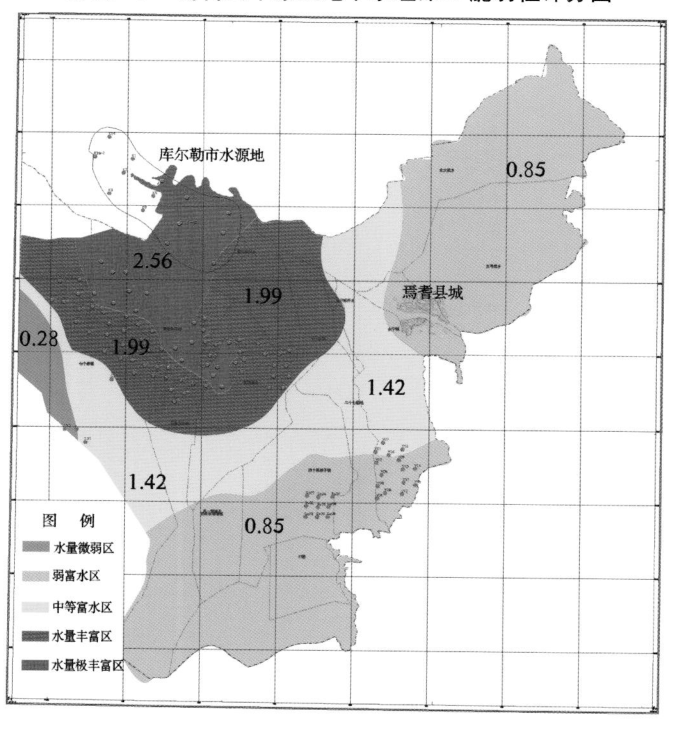

彩图 4-10　焉耆县平原区含水层特性 *A* 脆弱性评分图

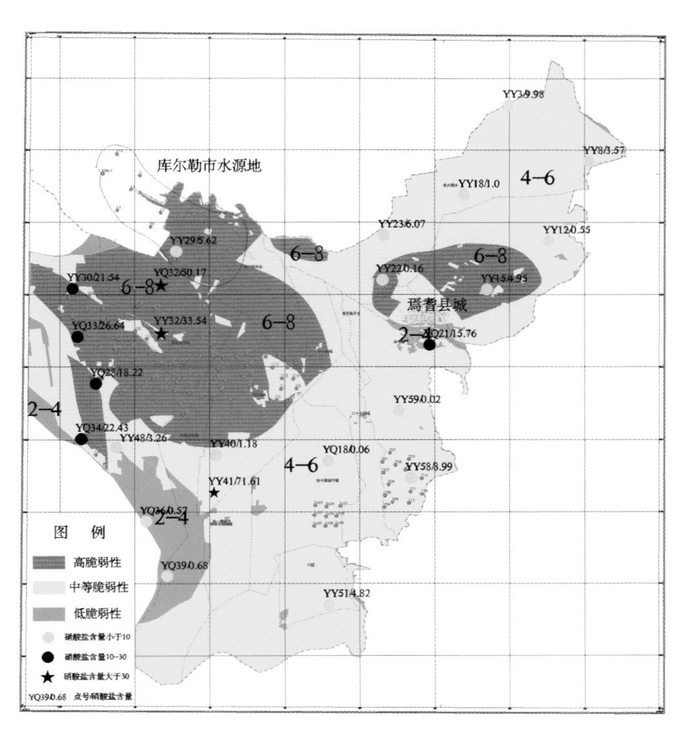

彩图 4-11　焉耆县平原区潜水脆弱性分区及控制点硝酸盐含量图

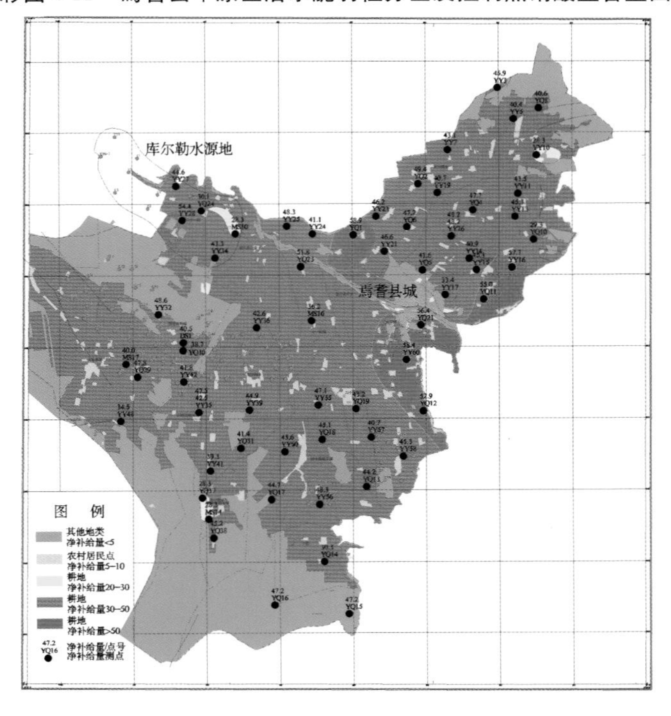

彩图 5-1　焉耆县平原区潜水净补给量 R 分区图

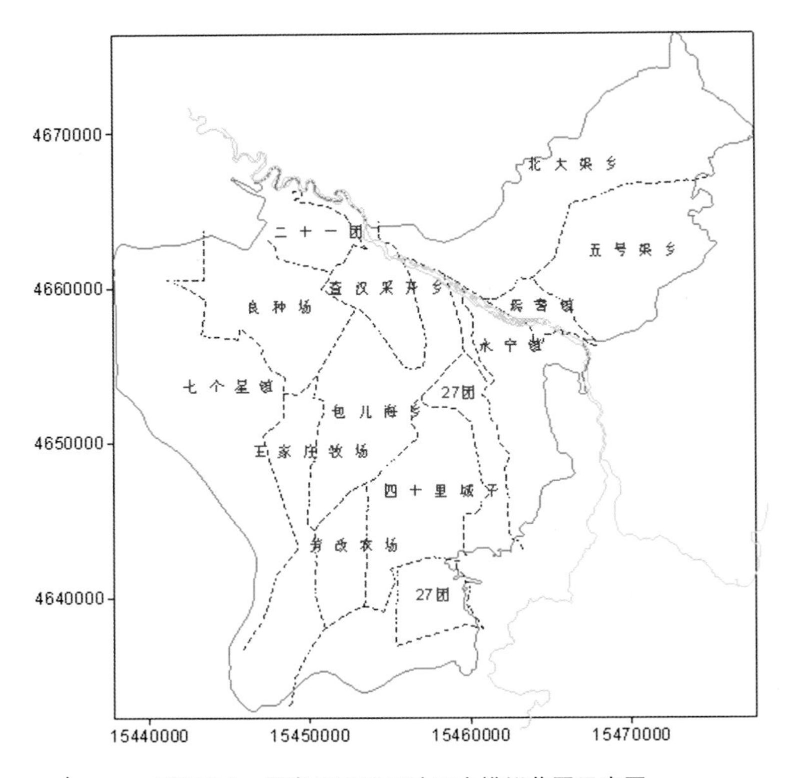

彩图 5-2　焉耆县平原区地下水模拟范围示意图

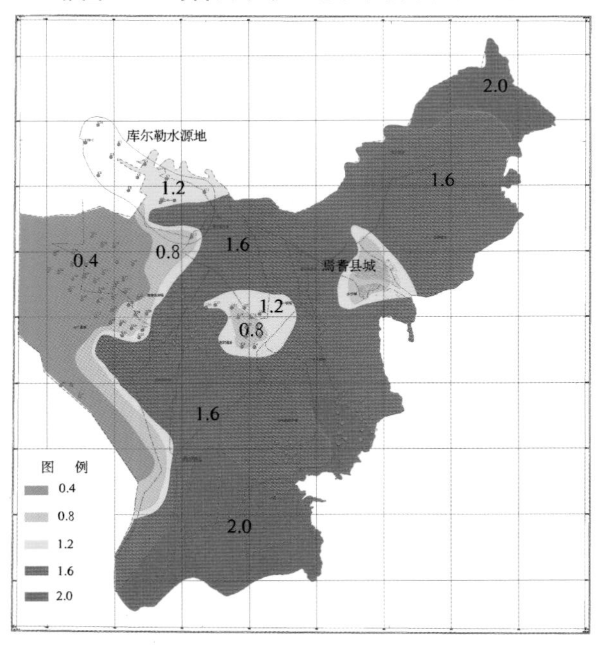

彩图 5-3　焉耆县平原区地下水埋深 D 脆弱性评分图

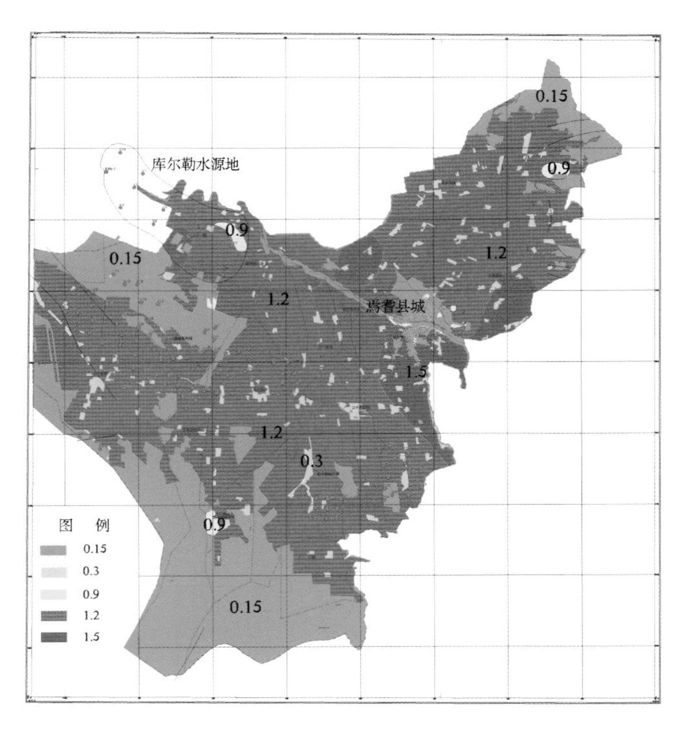

彩图 5-4　焉耆县平原区潜水净补给量 R 脆弱性评分图

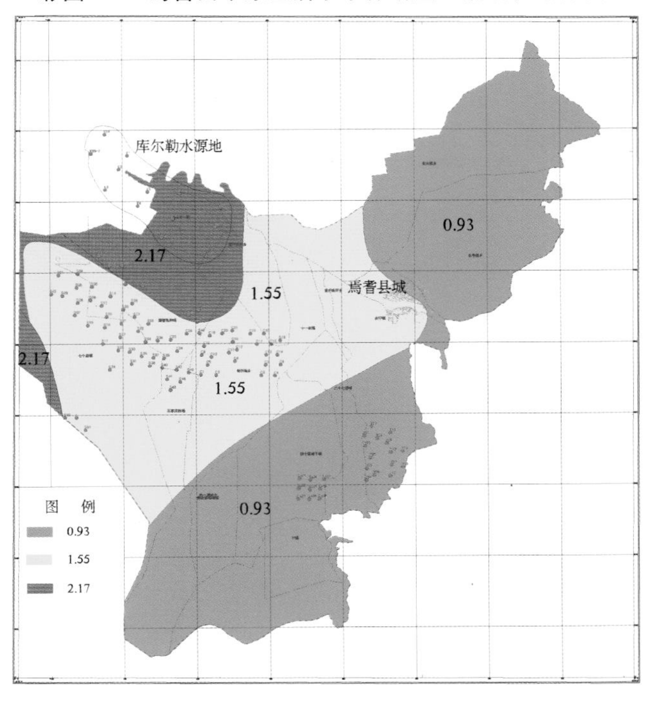

彩图 5-5　焉耆县平原区含水层特性 A(渗透系数 k)脆弱性评分图

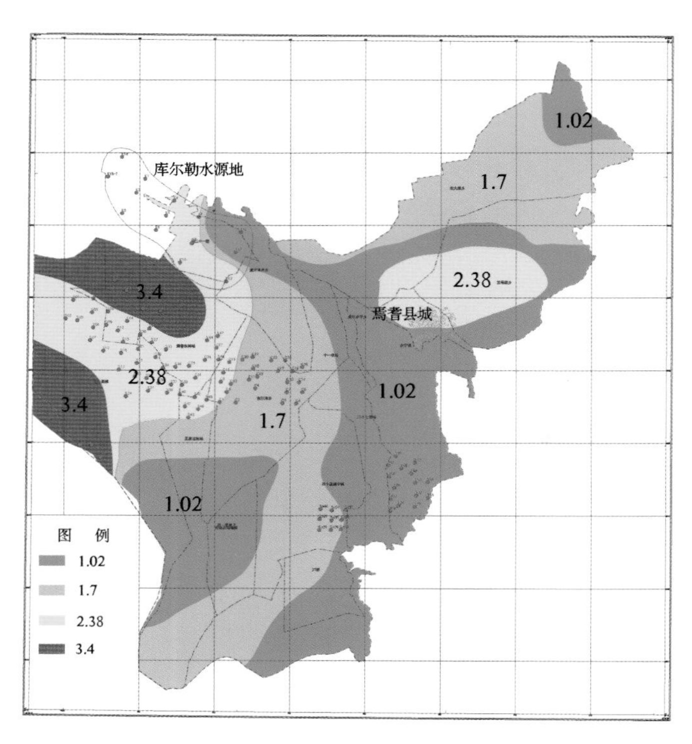

彩图 5-6 焉耆县平原区包气带岩性 V 脆弱性评分图

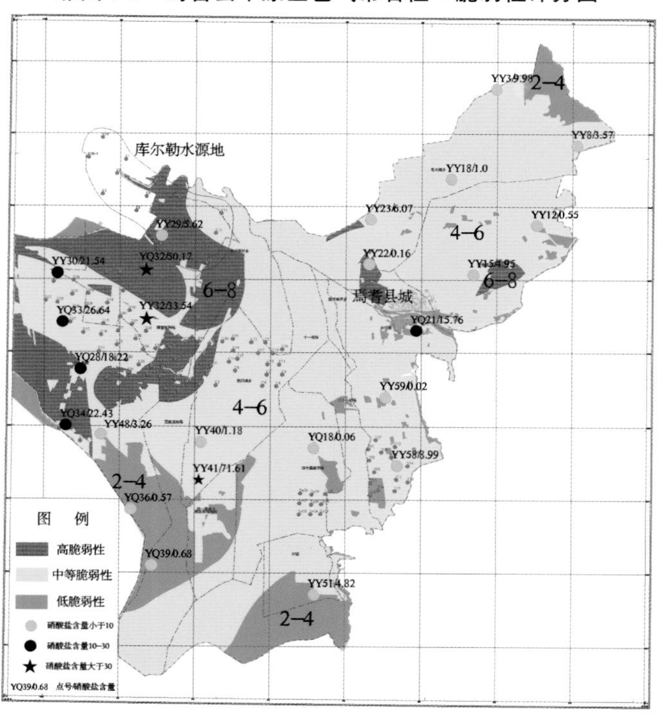

彩图 5-7 焉耆县平原区基于过程模拟的潜水脆弱性分区及控制点硝酸盐含量图